趣味科学丛书

U0176447

趣味物理

应兴国 编著

 上海辞书出版社

图书在版编目（CIP）数据

趣味物理 / 应兴国编著. —上海：上海辞书出版社，2020
（趣味科学丛书）
ISBN 978 – 7 – 5326 – 5612 – 7

Ⅰ. ①趣… Ⅱ. ①应… Ⅲ. ①物理学—普及读物
Ⅳ. ①O4–49

中国版本图书馆 CIP 数据核字（2020）第 116956 号

趣味物理 qu wei wu li

应兴国 编著

责任编辑	静晓英
装帧设计	陈艳萍

出版发行	上海世纪出版集团 上海辞书出版社（www.cishu.com.cn）
地　　址	上海市陕西北路 457 号（邮编 200040）
印　　刷	上海盛通时代印刷有限公司
开　　本	890 × 1240 毫米　1/32
印　　张	6.125
字　　数	148 000
版　　次	2020 年 9 月第 1 版　2020 年 9 月第 1 次印刷
书　　号	ISBN 978 – 7 – 5326 – 5612 – 7 / O·80
定　　价	20.00 元

本书如有质量问题，请与承印厂质量科联系。电话：021 – 37910000

目 录

力的奥妙

神奇的热与材料

电与磁探秘

生活中的光现象

核物理密码

力的奥妙

Lideaomiao

"秒"的历史

昼夜的交替,太阳、月亮的运行给了人类一种选择时间的天然方法,当然,用自然现象只能确定年、月、日这样较大的时间单位,时、分、秒这些较小的时间单位都是人类自己规定的。

现在的时间划分方式起源于远古时代的巴比伦,古巴比伦人计数时采用的是六十进位制,而不是十进位制,他们规定 1 小时有 60 分钟,1 分钟有 60 秒钟。古巴比伦人把一昼夜等分为 12 个时段,而古埃及人把一昼夜分成 24 小时。

从古代直到中世纪,计时使用的是太阳钟、水钟或沙钟(根据水或沙从大容器中的滴漏来计时),但它们都不很精确,只能显示小时,很难显示分与秒。

自从伽利略发现了摆在摆动时的等时性之后,荷兰物理学家惠更斯建议采用一定摆长的摆摆动一次的时间作为时间的标准,即这个摆的摆动一次的时间为 1 秒。摆的出现使人们有了现代的计时工具——钟或表。

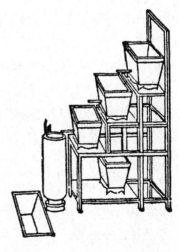

用钟表计时,会因摆所受的摩擦力而导致走时不准确。用等分昼夜的方法来确定时间单位,也会因为地球自转存在不规则变化并有长期减

慢的趋势而出现较大误差。有没有更精确的"计时工具"？有，那就是原子钟。原子在发生能级跃迁时以电磁波形式辐射或吸收能量，该电磁波的频率和周期精确地与原子的微观结构相对应，极为稳定，因此可以利用这一特性制成原子钟。原子钟主要有铯原子钟、氢原子钟和铷原子钟。现代"秒"的定义利用了铯原子最近两个能级之间的跃迁。这种跃迁频率的倒数，就是完成一次振荡所需的时间，1秒钟定义为这种振荡周期的 9 192 631 770 倍。用原子钟计时的误差是每 100 万年仅 1 秒。

"尺"的进化

人们在生产和生活中经常需要测量长度，这就提出了一个长度计量单位(尺)的问题。计量单位首先要方便使用，如果这把"尺"随手可取那是再好不过了。古时候人们用人身体的某个部分的长度作为长度计量单位，例如，英语中"inch"（英寸）表示一节大拇指的长度；"foot"（英尺）的意思就是脚，1 英尺就是一个成年男子一只脚的长度。这样的"尺"使用起来很方便，但它们的缺点也是显而易见的：各人的手和脚的长短差别很大，用它们做计量单位缺少客观公正性，难免引起纠纷。

随着贸易的发展，有必要商定共通的长度计量单位。各个国家和民族都曾对"尺"作过一些规定。18 世纪时，有人提出选择一种自然界原来就有的、千百年都不会变化的长度标准。有人建议把作自由落体运动的物体在第一秒钟内下落的距离作为长度单位，但这个方案实施起来很不方便。1790 年，法国大革命的立宪会议为制定统一的计量单位成立了一个有著名物理学家和数学家参加的度量衡专门委员会。该委员会选择了以通过巴黎的地球子午线总长的四千万分之一作为长度单位,并将它命名为"米"。1799 年,法国制成了这样的一把"米尺"。地球子午线的长度看上去是自然界存在的一个不变量,但它的实际长度却是通过人工测量得到的。1817 年对地球子午线所作的较以前更精密的测量表明,1799 年制备的米尺标准比 1817 年所测地球子午线的四千万分之一大约要短 0.08 毫米。这一事实使科学家们不得不重新考虑原先的想法是否妥当,因为随着测量技术的不断发展,对子午线长度的数值将不断有新的修正。在每次重新测量地球子午线之后,都不得不制作新的标准米尺,这显然违反了长度标准应当千百年不变的初衷。于是,在经过多次国际会议协商以后决定,放弃把地球子午线的四千万分之一作为长度单位,而就用 1799 年制成的米尺作为标准长度单位,现在它保存在法国巴黎西南近郊塞弗尔的国际计量局里。

米的标准确定以后,接着确定了它的部分量:米的百分之一叫"厘米",这是最经常使用的长度单位;米的千分之一称为"毫米";米的百万分之一叫"微米"。

进入 20 世纪后,人们越来越注意到一些自然界常数与实验装置无关,并且不随时间而变化(至少从现有的物理学知识来看是这样的)。于是,一种新的确定度量衡标准的思想产生了:放弃实物标准,代之以自然界的常数。这导致在 1960 年第 11 届国际计量大会确定国际单位制(SI)。在国际单位制中,"米"

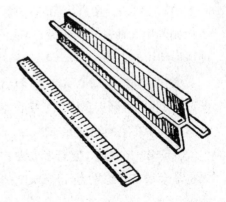

的长度等于同位素氪-86 原子的 $2p_{10}$ 能级与 $5d_5$ 能级之间跃迁的辐射在真空中波长的 1 650 763.73 倍。而且原子的特征光辐射波长不会随时间而变化,1 万年前与 1 万年后氪-86 原子在这两个能级之间跃迁时辐射的光波长是一样的。1983 年,人们又给"米"下了新定义:"米是在 1/299 792 458 秒的时间间隔内光在真空中运行距离的长度。"2018 年第 26 届国际计量大会仍然采用这一数值。

地球有多大

古希腊人是最早相信地球是一个球体的民族,古希腊哲学家、数学家毕达哥拉斯首先提出地球是一个圆球的概念。

比毕达哥拉斯晚两个世纪的古希腊哲学家亚里士多德,提出了许多令人信服的理由来说明地球是个圆球。例如,归航的船只总是先露出船帆,然后才是船身;观察到地球投到月亮上的影子(月食)正好符合地球与月亮都是球形时所预期的形状……

1522 年 9 月,麦哲伦船队历经三年的航行,绕地球一周后回到了他们的出发地——西班牙,船队的环球航行无可争辩地证明了大地球形理论的正确性。

现代空间技术高度发展,宇航员从太空拍摄的地球照片(下页右图)表明我们确确实实居住在宇宙空间中的一个球体上。可以看出,地球是一个在空间运动的球体。

地球是一个圆球,它有多大呢?用实验来测算地球有多大,在今天也是个很富有想象力、很有气魄的课题。公元前 276 年,出生于北非的埃拉托色尼居然测定了地球的大小。他运用了几何方法：假定地球真是个球体，那么，同一时间在地球上不同的地方，太阳光线与地平面的夹角是不一样的，只要测出两个地方这个夹角的差以及这两地之间的距离，地球的周长就可以算出来了。

埃及有个叫阿斯旺的小镇，夏至这天中午的阳光可以直射井底，这表明此时太阳正好垂直于阿斯旺的地面，只要用一根垂直在地面上的木杆就可以观察到它的影子"掉入井中"，即没有影子。当埃拉托色尼听到有人这么说时，他马上意识到，这可以帮助他测量地球的圆周长。于是，在夏至这天中午同一时辰，他从阿斯旺步行到另一个小镇，测出垂直插在小镇地上的木杆的长度和它的影子的长度，计算出太阳光线稍偏垂直方向约为7°，他用脚步数测量出这两个小镇之间的距离 l，假定地球是圆球，那么可以用比例式 $\dfrac{7}{360} = \dfrac{l}{L}$，就可以算出地球的周长 L 了。埃拉托色尼用这么简单的几何方法测出地球的周长与现在公认的地球周长的误差仅在 5% 以内。

用万有引力定律 "称" 地球

在牛顿之前，人们已经观测到地球和其他行星因为太阳引力作用而环绕太阳不停地转。还有一个人们熟视无睹的事实是，地面上的一切物体受到地球引力作用，总是往下落。千百年来人们对这些现象习以为常，很少有人把天上星球的运转和地上物体的下落联系在一起考虑。

伟大的牛顿从青年时代开始就在考虑：太阳吸引行星的引力和地球吸引物体的引力是不是一回事呢？经过十几年的深入研究，牛顿终于认定天上的引力和地上的引力都是一回事。宇宙中任何两个有质量的物体彼此都施加引力于对方，引力的大小与两个物体各自的质量成正比，与它们之间距离的平方成反比，两者靠得越近彼此的吸引力越强，用公式表示即 $F = G\dfrac{Mm}{r^2}$，比例常数 G 称为"万有引力常量"，这就是著名的"万有引力定律"。引力定律前面加"万有"两字，表明引力在宇宙各处都存在。

有了万有引力定律后是否万事大吉了？仔细一想就会发现这里有两个关键物理量都不知道。一个是 M，在研究地球与其他物体（地面上的物体、太空中的星球等）的引力作用时，M 代表地球质量，它有多大？另一个是 G，它又有多大？

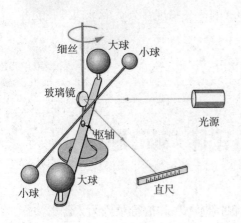

在牛顿发表万有引力定律后一百多年，英国科学家卡文迪许于 1798 年设计制造了一个扭秤实验（如左图）：把两个小铅球系在一直木杆的两端，用一根细丝从中间把直木杆吊起，然后用两个大铅球靠近小铅球，当两对球互相吸引时，通过细丝的

扭曲带动固定在其上面的小玻璃镜偏转就可以测出直木杆的偏转角度，从而计算出万有引力的大小。于是利用公式 $F = G\dfrac{Mm}{r^2}$ 就可以知道 G 的数值了。经过反复实验，卡文迪许第一个精确地测量了万有引力常量 G 的数值 6.754×10^{-11} 米$^3/$（千克·秒^2）。

知道了 G 的数值，根据地球表面的质量为 m 的物体受到的地球引力就是物体的重力 mg，那么 $mg = G\dfrac{mM_{地}}{R_{地}^2}$（其中 $M_{地}$ 和 $R_{地}$ 分别是地球的质量和半径），于是就可以算出地球的质量 $M_{地} = \dfrac{gR_{地}^2}{G} \approx 6 \times 10^{24}$ 千克，卡文迪许成为第一个"称"出地球质量的人。

在地球上的实验室里测出几个铅球之间的相互作用力，就可以称出地球的质量，这不能说不是个奇迹。

轮船的"刹车"

自行车、汽车、火车有"刹车"，连飞机也有"刹车"（滑行轮上有"刹车"，有的在尾部还能放出减速伞），唯独轮船没听说有"刹车"。

其实，轮船的"刹车"有三种：一是抛锚，当轮船停靠码头或在航行途中发生紧急情况需要停止前进时，就可以通过抛锚来达到目的；二是它的主机可以开倒车，利用倒车的反向速度来抵消因惯性而保持的正向速度；三是逆水行舟，利用水流的速度抵消轮船的速度。

如果你多次乘过轮船，就会发现一个有趣的现象：每当轮船要

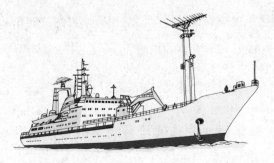

靠岸的时候，总是设法把船头顶着流水，利用逆向水流的减速作用，慢慢地向码头斜渡，然后再平稳地靠岸。尤其是在大江大河里顺流而下的船只，当它们快要到达港口码头时，都会先绕一个大圈子，使船逆水行驶以后，才慢慢地靠岸。船靠码头时为什么要"逆水行舟"呢？从相对运动的角度来看是不难理解的。因为顺流靠岸时，船相对岸的速度等于船速加水速；而逆流靠岸时，船相对岸的速度等于船速减水速。显然，前者要比后者大得多。既然目的是要使船停下来，究竟是大的速度容易变为零？还是小的速度容易变为零？当然是后者。

在船靠岸的实际操作中，上述三种方法往往结合在一起运用：先是"逆水行舟"，继而"倒车行驶"，最后"抛锚泊岸"。

高抛发球

在乒乓球比赛中，尽管发球的形式多样，手法各异，作用不一，变化多端，但概括起来不外乎是速度、旋转和落点这三个方面。由中国运动员创新的高抛发球把旋转、速度和落点三者结合得较好，在第33届、34届世界乒乓球锦标赛上为中国运动员赢得了不少分，并引起世界乒坛的注目。

高抛发球的特点就是把球抛得高，其作用有两个方面：一是迷惑对方，分散其注意力，使其只注意球的上抛而忽视了擦击球一瞬间的动作，造成判断错误而使回球出界、落网或回出高球；二是加快球下落后的速度，使发出的球快速并强烈旋转。将球垂直上抛，球作上抛运动，其下降后速度 $v = \sqrt{2gH}$，重力加速度 g 是一个常数，H 是球上抛至顶点开始回落时，顶点至球拍触球点的距离。因此，球抛得越高，球下落后速度

也越大，击出的球的速度也越快，加上运动员运用球拍的技巧造成的旋转性，很容易造成对方失误。

阿基米德能推动地球吗

阿基米德发现的杠杆定律可用一句简短的话表示："力之所赢等于路之所失。"这位古代学者给叙拉古国王赫农的信里说："如果有另一个地球的话，我到那里，就可以推动我们的地球。"的确，用一根非常长的杠杆，其支点靠近地球，似乎可以做到这一点。

我们并不惋惜阿基米德没有提出支点，像他所想的那样，如果太空中真的有一个可以挪动地球的支点的话，地球是否就可以挪动了？我们设想取一根最结实的杠杆，放在支点上，在离支点近的一

端,"我们悬挂一个小球",质量为 6×10^{24} 千克,这一数字即压缩成一个"小球"的地球的质量。现在我们可以在离支点远的一端施加自己的作用力了。

如果阿基米德的手力为 60×9.8 牛的话,那么要把"地球"移动 1 厘米,阿基米德的手移动的距离就要大于 1 厘米 $\times (6 \times 10^{24}/60) = 10^{23}$ 厘米 $= 10^{18}$ 千米。这一距离大约是月球至地球间距离的 25 000 亿倍,是太阳至地球间距离的近 70 亿倍,这一距离甚至比银河系的直径(0.75×10^{18} 千米)还要大,这就是说,阿基米德若要想挪动地球 1 厘米,他必须跑到银河系外去撬动那根杠杆,这显然是不太可能的事。

椅 子 顶

中国的杂技表演中有一个节目的名称叫"椅子顶"。表演时演员单臂倒立在椅子上,而椅子的四条腿搁在四只啤酒瓶上,这是为了增加节目表演难度,椅子四条腿无论是搁在四只啤酒瓶上,还是直接搁在支撑桌面上,其静态平衡的原理是一样的。

不论演员在椅子上怎样表演,他的重心的重力作用线一定要通过以四只啤酒瓶或四条椅子腿为顶点的四边形基底上,才能保持平衡。为了使表演显得更惊险，往往抽去一只酒瓶，于是基底的面积几乎减去一半。这时，演员的重心必须向抽去酒瓶的相反方向倾斜，使重力作用线落在以余下三只酒瓶为顶点的三角形基底上，才能保持平衡。显然，基底面积小了，表演的难度也增大了。

如果在椅子上再倒放一把又一把椅子，用提高演员重心来增加表演的难度，当椅子放到六七把时，演员的重心几乎提高到六七米。在这样一个重心极高、极不稳定的椅塔上表演各种动作，他的重力作用线更不能超出基底。

在椅子造型这个节目中，每层都有一个演员倒立着，众多椅子就是倾斜地向高空叠起来的，造型相当优美。但是无论怎样造型，全体演员总的重力作用线也必须通过最下面一只椅子的基底。

剪刀里的奥妙

谁都用过剪刀，我们平时使用的剪刀的刀柄和刀口是差不多长短的。然而，有着特殊用途的剪刀，它们的刀柄和刀口的长短却相差很大。例如，理发师剪头发的"理发剪"，它的刀柄很短，而刀口却相当长，为的是在长长的头发丛中一刀能整齐地剪下一绺头发。又如，园艺工人修树枝的"园艺剪"，因为要把较硬较粗的树枝剪断，所以刀柄要做得很长，使力点离开支点远些，剪起树枝来就较省力了。

剪刀是利用杠杆原理制作的，它的支点就是那个把两半片剪刀连接在一起的铆钉，它的刀柄长度就等于力臂，刀口长度等于重臂。根据杠杆平衡原理：力 × 力臂＝重力 × 重臂，我们就可以针对不

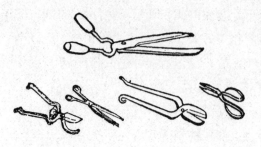

同的工作对象制作不同的剪刀。如果要省力，就把刀口做得短一些，把刀柄做得长一些；如果要一次多剪东西，反过来就把刀口做得长一些，把刀柄做得短一些。

除了省力上的考虑之外，还要针对不同的工作对象，在剪刀的形状上动一番脑筋。同样是"园艺剪"，就有好几种形状。修树叶的，不但刀口长（可以一次剪去好多树叶），而且刀柄朝上弯，以方便操作；剪树枝的，不但刀口短（可以省力），而且一个刀口做成半圆形，为的是可以包围住圆圆的树枝。

除了剪刀本身的结构外，怎样使用剪刀也大有讲究，使用得好就能事半功倍。例如，用剪刀剪马口铁时，要尽力使剪口张开得宽些，为什么要这样呢？为的是能把金属顺利地塞进靠近支点的地方，阻力矩的力臂短些就可以省些力，在剪刀的剪柄或平口钳的把手上，成年人一般要用400～500牛的力，但是由于一个力臂可能是另一个力臂的20倍，所以，我们能够在剪刀口施加约10 000牛的力紧紧地咬住金属。

笔尖上的发现

英国物理学家牛顿有句名言："如果说我比别人看得远些，这是因为我站在巨人们的肩上。"牛顿在哥白尼、开普勒、伽利略等

"巨人"科学研究的基础之上,揭示了宇宙万物间所遵循的引力规律——万有引力定律。

对万有引力定律理论最有力的支持是什么? 1781 年 3 月 13 日,英国天文学家赫歇尔用他自制的望远镜偶然发现了天王星。18 世纪末到 19 世纪初,科学家们运用牛顿力学计算天王星的轨道和它的位置,但实际观测总与理论计算不符,于是有人怀疑牛顿力学的正确性。

支持牛顿力学的人提出,在天王星附近可能还有一颗行星,它对天王星所产生的引力干扰了天王星的轨道,造成了最终的误差。根据这一思路,英国天文学家亚当斯在 1843—1845 年,法国天文学家勒威耶于 1845 年,各自独立地根据牛顿理论进行计算,推算出天王星轨道外的一颗未知行星的质量、轨道和位置,勒威耶把他的计算结果写信告诉德国柏林天文台的伽勒,伽勒于 1846 年 9 月 23 日夜间就在亚当斯和勒威耶预报的位置上发现了一颗新的行星,这颗新行星被称为"海王星"。由于海王星是先被计算出位置,后被实际观测到,人们称它为"笔尖上的发现",成为科学史上的趣事。海王星的发现是对牛顿万有引力理论最有力的支持。

20 世纪初,美国天文学家洛厄尔根据类似的计算推算出海王星外有一颗新的行星,这一推测 1930 年终于被观测所证实,这颗新的行星被命名为"冥王星",冥王星也是一次"笔尖上的发现"。

天文学家猜想,太阳系中可能还存在未知的大行星,这颗行星可能在水星轨道内,也可能在冥王星轨道外,但虽经多年寻找,仍未发现。1987 年,科学家从"先驱者"号空间探测器的运行轨道发生改变出发,认为它可能受到了大行星的引力摄动,并计算出大行星的轨道半径为 86.2 天文单位,公转周期为 800 年。但是,这一切有待于观测验证,人们期待着下一次"笔尖上的发现"。

重力探矿

在地面附近的物体由于受到地球的重力作用,获得的加速度都约为 9.8 米／秒^2,只在不同纬度和不同高度时稍有变化。但是,地质勘探工作者在进行精确测量时,常常会发现某地点的重力加速度偏离其正常值,也就是发生引力异常现象。这种现象是靠近测量点的地球质量分布不均匀引起的。

做一个山顶向山麓的铅锤试验,地球欲将铅锤重物引向它的中心,但山也欲将铅锤引向自己,在这种情况下,垂线的方向和重力的竖直方向不一致,因为整个地球的质量比山的质量大得多,所以这个偏斜不会超过几角秒。

重力的局部异常让我们有许多可利用之处。地质学家告诉我们,哪里的重力加速度值大就应该到哪里去寻找重矿物;反过来,重力加速度值比较小的地方可能存在轻的盐类矿藏。重力加速度的测量精确度可以达到 0.000 01 厘米／秒^2。人们把使用摆和超高精度秤进行勘探的方法叫做"重力法"。这种测量方法具有很大的实际价值,在石油勘测工程中尤为突出。事实上,重力法很容易发现地下盐丘,但是常常是哪里有盐,哪里就储藏着石油。

除了探矿以外,重力加速度值的变化还可以告诉我们许多关于地球构造的知识。在大陆和海面上测量重力加速度值能得到很有趣的结果。大家知道,大陆的岩石比海水重得多,因此似乎应该说大陆上的重力加速度值大于海面上的重力加速度值。可实际上不管是在大陆上还是在海面上,只要纬度相同,重力加速度值平均是相等的。这样的事实,只有一种解释:大陆基于比较轻的岩石上;而海洋下面是比较重的岩石。事实确是如此,在可以进行直接探测的地方,地质学家确定,海底下面是较重的玄武岩,大陆下层是相对较轻的花岗岩。

在太空中吃喝

随着人类航天事业的发展,在太空中开设饭店似乎已不是遥不可及的事了。伴随着人类航天技术的发展,航天食品也经过了 70 年的更新换代。不过目前,在太空中吃喝依然不是一件简单的事。

首先,太空面包不能像地面面包那样大,且一片一片切开来吃。因为切面包时总有面包屑,在太空失重环境里,那些面包屑在空中四处飘浮,被人吸进气管,就会酿成大祸。因此,太空面包必须做成像糖果那么大小以便让人一口一只地囫囵吞"包"。

在太空当然也可以用刀叉吃牛排,不过要注意两点:牛排、蔬菜之类的食品必须事先加工好,并拌上胶汁调料,使它们能粘在刀叉和勺子上,不然,这些大块食品也很容易"满天飞";刀叉等餐具不用时,不能随意放在桌子上,否则它们也会飘浮在空中,一经碰撞,这些金属物会像子弹一样飞出去,造成危害,所以,"太空餐桌"上都备有一些小磁铁,餐具不用时就用小磁铁把它们吸附在餐桌上。

在太空中喝水不可能像地面上那样把水从水瓶倒入水杯,因为硬的玻璃瓶在太空中是倒不出水来的,即便有水从水瓶中溢出,也成了雨滴一样的小水珠,飘向四面八方。因此,太空饮品必须是软包装的,还必须一小节一小节地彼此隔开。喝水时剪开软水瓶的头部,把软管一头放入嘴里,另一头插入软瓶里,再用手捏住软水瓶,用力挤就能让水进入嘴中,就像挤牙膏一样。这一节软瓶里的水喝光了,就把它剪掉,再挤下一节。

由于现在的飞船中已经可以使用冰箱和加热装置,航天员们的食谱更加丰富了,可以吃到新鲜的蔬菜、水果和加热后的鲜汤。中国航天员的食品形式是以中式为主,他们甚至可以在太空中泡茶喝。

空气像堵墙

早期的飞机都用螺旋桨作推进器,这种飞机的速度可达到 700 千米／时。喷气式飞机发明后,飞行速度逐渐达到 975 千米／时,看来飞机的速度超过 1 200 千米／时的声速是不成问题了。然而,意想不到的惨剧发生了。当试飞的喷气式飞机速度超过 1 000 千米／时并继续增大时,突然发生了雷鸣般的巨响,正在飞行的飞机好像撞到山头上似的,被撞得粉碎。这以后又连续发生了好几起类似的事故。飞机设计师、工程师和物理学家对事故作了深入的分析研究,终于找到了凶手——空气,是被压缩的空气把飞机给撞碎了。

原来,飞机在空气中运动时,会使前面的空气压紧,形成一堵肉眼看不见的"墙壁",这堵"墙壁"像一道障碍物似的总是堵在飞机前面。飞机运动的速度越大，这堵"墙壁"越坚固（即密度增大）。人们把空气的这种阻碍作用称为"声障"。由于飞机周围存在着压力差，飞机速度越快，这种压力差越大，往往会使飞机"粉身碎骨"。有一阵子，人们以为"声障"是不可逾越的障碍。

难道飞机的飞行速度就永远落后于声速？不，科学家的研究发现，把飞机的外形改成两头尖、中间粗的纺锤形，再把飞机的两翼尽量朝后掠，那么，高速飞机周围的压力差可得以逐渐减小，于是飞机就能顺利地穿过空气"墙"。今天，一些先进的喷气式飞机的速度已达到了声速的 3 倍。

滴水穿石

自然界的水滴虽然下落速度很慢，动能极小，但经过长时间的持续作用，也能在坚硬的岩石上形成一个陷下去的凹坑，甚至凿石成孔。人们由此设想：如果给水施加几十兆帕甚至几百兆帕的压强，然后从直径只有十分之几毫米至二三毫米的喷嘴中喷出，由于这种高压水的速度很快（高达几千米每秒），加上水流很细，会在很小的区域里集中巨大的能量，它就可像枪弹一样，瞬间在坚硬的岩石上打出一个孔来。近年来出现的高压水

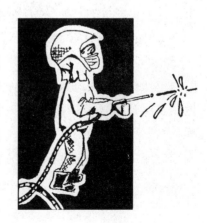

细射流技术,就由此发展而来。由于它与激光打孔颇有类似之处,有人就称它为水力"激光"。

目前,高压水细射流技术发展很快,应用也日益广泛。用高压水细射流切割材料,有着其他切割方法所没有的独特优点:适用范围非常广,不仅可以切割金属材料,而且还可以切割非金属材料(如石墨环氧材料等);切缝很窄,是硬质合金圆片锯切缝的十几分之一,从而节省了原材料;切割速度快、粉尘少、噪声小。最奇妙的是,用这种技术来剥树皮,既快又好,三四分钟就可以把一根直径为 40 厘米、长 2.5 米的白桦树的树皮剥光,且剥光后的木材表面光滑,不留斑痕。

说来你也许不相信,一股细细的高压水流能射穿 12 毫米厚的钢板,恰似具有和炮弹一样大的威力。这是一种叫"水炮"的高压发生器射出的高压水细射流,它的直径只有 1.5 毫米,长度为 100～200 毫米,但速度高达 7 000 米／秒! 这样的高速是怎样产生的?

这种水炮采用电、液压或压缩空气作动力,先将水炮中的活塞向喷嘴的另一端移动,使气体压缩,积蓄能量,然后突然松开活塞,由于气体的膨胀,使活塞迅速冲向喷嘴,在极短的瞬间,将封闭的水推挤出去。如果释放的时间是蓄能时间的 1%,就能获得 100 倍的瞬时功率。用于切割时所产生的压强高达几百兆帕。

如果只需要几十兆帕的高压水细射流,只要用一种叫"柱塞泵"的水枪就行了。电动机通过曲柄、连杆和十字头,使一只柱塞在泵内往复运动,挤压泵内的水,产生高压水,其原理与打气筒打气一样。如果高压水从一只直径很小的喷嘴里射出来,就成了一股高压水细射流。用这种柱塞泵能产生压强为 200 兆帕以下的高压水细射流。

"奥林匹克"号事故

　　1912年秋天，"奥林匹克"号正在大海上航行，在距离这艘当时世界上最大的远洋轮大约100米处，有一艘比它小得多的铁甲巡洋舰"豪克"号正在向前疾驶，两艘船似乎在比赛，平行着驶向前方。忽然，正在疾驶中的"豪克"号好像被大船吸引似的，一点也不服从舵手的操纵，竟一头向"奥林匹克"号撞去。最后，"豪克"号的船头撞在"奥林匹克"号的船舷上，撞出个大洞，酿成重大海难事故。

　　我们知道，根据流体力学的伯努利定理，流体的压强与它的流速有关，流速越大，压强越小；反之亦然。用这个定理来审视这次事故，就不难找出事故的原因了。原来，当两艘船平行着向前航行时，在两艘船中间的水比外侧的水流得快，中间水对两船内侧的压强比外侧水对两船外侧的压强要小。于是，在外侧水的压力作用下，两船逐渐靠近，最后相撞。又由于"豪克"号较小，在同样大小压力的作用下，它向两船中间靠拢时的速度要快得多，因此，造成了"豪克"号撞击"奥林匹克"号的事故。现在航海上把这种现象称为"船吸现象"。

　　鉴于这类海难事故不断发生，而且轮船和军舰越造越大，一旦发生撞船事故，其危害性也越大，所以，世界海事组织对这种情况下的航海规则作了严格的规定，包括两船同向行驶时，彼此必须保持多大的间隔；在通过狭窄地段时，小船与大船彼此应作怎样的规避，等等。

龙井茶叶虎跑水

盛产龙井茶的杭州,流传这么一句话:"龙井茶叶虎跑水。"意思是龙井茶叶最好用烧开后的虎跑泉的泉水来泡,才能喝出美味来。其中的奥妙在于,虎跑泉水中含有多种微量元素,对人体健康有利。其实,不仅是虎跑泉水如此,其他名泉的泉水也都有此效应。

虎跑泉水还有另一个显而易见的特点:在装满泉水的茶杯里,投进一粒小石子后,它的水面会高出茶杯口,却不溢出来。有人说这就是虎跑泉与众不同之处。其实,这一"特点"是众多泉水(如济南趵突泉、无锡惠山泉等)的"共同点",原因是这些泉水中都富含矿物质。

纯水在一定的温度下具有一定的表面张力,例如,室温(20℃)下纯水的表面张力为 7.275×10^{-4} 牛/厘米,到60℃时,水的表面张力减小为 6.618×10^{-4} 牛/厘米,到沸点(100℃)时更减小为 5.855×10^{-4} 牛/厘米。当水里含有杂质时,有的杂质能使水的表面张力减小,例如肥皂或有机物;有的杂质则使水的表面张力增大,如矿物质。一般的泉水里都富含矿物质,所以泉水的表面张力比纯水的大得多,它使得泉水表面的分子相互吸引,紧紧地挤在一起。这就是泉水能高出杯口而不溢出的原因。

为什么很少有"四夹板"

胶合板是由几层非常薄的木片胶合而成的。如果到卖胶合板的建材商店去看一下行情,你一定会发现,只有三夹板、五夹板,甚至七夹板、十一夹板等,而很少有四夹板、六夹板等双数层板,这是为什么?

我们知道,木材干燥时要收缩,而横纹理木材比竖纹理木材的收缩要厉害,因此,木板一般都是朝横纹理那个方向翘起来的。木板越薄越容易翘。胶合板里的木材都是非常薄的木片,在黏合成胶合板时翘曲是不可避免的。怎样利用力的平衡原理,使整块胶合板不产生翘曲?

胶合板采用单数层的目的,是为了使胶合板有一个核心层。一般地说,这个位于中间的核心层都采用收缩性较小的竖纹理板,它两侧则黏合横纹理板,再在它们的外侧黏合竖纹理板。这样,横竖交错地重叠黏合,就使各层薄板互相牵制,使得胶合板能够不收缩或少收缩。由于单数层胶合板最外面两层板的收缩方向一样(一般也采用竖纹板),因此,最后黏合成的胶合板不会翘曲。

如果是双数层胶合板,例如四夹板,它的纹理走向只可能是竖-横-竖-横,或是横-竖-横-竖,总之,最外面两层薄板的纹理走向不同,这会造成两个不良后果:一是胶合板两个表面的大小不一样,横纹理那面因收缩较大,形成的表面就比竖纹理那面小;二是由于两面的收缩不一样,必然产生翘曲,胶合板向收缩率大的横纹理表面那侧弯曲。

裂缝里的学问

1954年,英国两架"彗星"号喷气客机,先后因增压舱突然破裂而在地中海上空爆炸坠毁。起先,人们认为是材料强度不够而造成断裂,于是采用高强度合金钢来制造关键零部件。但是,事与愿违,断裂破坏有增无减。此事引起工程技术界的高度重视,在深入研究中人们发现,原来高强度材料中也存在着一些极小的裂纹和缺陷,正是这些裂纹和缺陷的扩展,才产生了断裂破坏。于是,在此基础上诞生了一门崭新的科学——断裂力学。

传统的材料力学认为材料是均匀的、连续的、各向同性的,而断裂力学却认为任何材料都是不连续的、不均匀的、有缺陷的。因为材料中不可避免地会存在一些裂纹和缺陷,它们是那样微小,即使用高精度的无损探伤仪也难以测出来,但正是这些潜伏的裂纹和缺陷,在一定的使用条件下会造成重大的断裂事故。

造成断裂的因素是多方面的,主要有以下几种:(1)疲劳断裂,在交变载荷的来回作用下,加速了材料中裂纹的扩展,最终导致材料断裂。这是一种很常见的断裂现象,例如,要弄断一根铅丝,只要把它来回弯折几次,很快就会在弯折的地方断裂。这就是疲劳断裂,来回弯折的力叫"交变载荷"。(2) 冷脆断裂,金属材料对温度的变化很敏感,在正常温度下的韧性材料,处于低温环境时往往会变脆,当温度下降到某个临界值时,材料的微小裂纹就会以极快的速度(1 000 米／秒) 扩展,最后导致材料断裂。(3) 氢脆断裂,钛合金和高强度合金钢等材料在使用中往往要接触腐蚀介质,因此,在它们的表面会发生电化学反应并产生微量的氢,这些氢原子能渗透到金属结构中去,而且材料中哪里的应力最大,氢原子就往哪里聚集,使该部位的应力变得更大,当聚集的氢原子达到一定数量时,该部位就会发生突然的脆性断裂。

断裂力学的研究成果已在航空、航天、交通运输、化工、机械、材料、能源等领域获得广泛应用。

地球在自转吗

地球自转是指地球绕自转轴旋转,约每 24 小时自转一周,即一天。太阳每天东升西落、昼夜交替是最容易为人们察觉的地球自转效应。地球自转还造成许多不容易为人们所察觉的但是很重要的效应,例如,地球上作水平运动的物体,如风、流水、海流等都会在运动方向上发生偏转,这些都是由于地球自转时处在不同纬度的不同线速度引起的。

那么能不能在地球上用实验来证明地球在自转呢? 1851 年,法

国科学家傅科做了一个令人赞叹不已的著名实验，他在巴黎万神殿的圆拱屋顶上悬挂一个长约 67 米的大自由摆，摆锤是质量为 28 千克的铁球，配有保持它运动的装置，使它的垂直摆动平面不限制在某一特定方向，而且在摆锤正下方安放一个有 360° 刻度的大圆盘。当摆慢慢地来回摆动时，摆动平面与圆盘某一指定方向的夹角在慢慢地变大，也就是说，摆动平面在旋转。这是第一次从实验上验证了地球绕轴自转，这个摆被称为"傅科摆"。傅科摆在平面上来回摆动，地球在它下面旋转，两者之间就存在着相对运动，运动的速度的大小和方向，由摆所在的地理纬度决定。在北极，从地球向上看，摆平面每天顺时针转动一周。在北半球，傅科摆总是顺时针旋转。傅科最早制作的那个摆，在巴黎以每小时略大于 11° 的速率顺时针旋转，也就是约 32 小时转一周。在赤道，傅科摆不转动。在南半球，傅科摆作逆时针转动。在南极，摆平面每天逆时针转动一周。

奇妙的自相似性

凡是邻海的地方总有海岸线，同样一段海岸线（如从中国辽宁丹东到广西东兴）采用不同的尺子去测量时，所测出的长度有很大的不同：

尺子长度	从辽宁丹东到广西东兴海岸线长度
10 000 千米	不到 3 000 千米
1 000 千米	6 500 千米
100 千米	超过 10 000 千米
1 厘米	超过 100 000 千米
无穷小	无穷大

为什么尺子越小,测得的海岸线越长?例如,用 1 000 千米的尺子测量时,几十千米、上百千米的海岸弯曲部分都测不出来,这样测得的长度为 6 500 千米;但是,改用小尺(100 千米)后,几十、上百千米的弯曲部分就能测出来了,这样测得的海岸线长度超过 1 万千米。

虽然不同尺子测出的海岸线长度相差甚远,但它们的形状大体相似,即具有"自相似性"。凡局部与整体相似的事物叫"分形"。分形是一种常见的结构方式。人体的血管系统、肺泡等都是某种分形。

人体的血管所占体积不超过人体总体积的 5%,但是它担负着把营养物质和氧气输送到每个细胞去的重任。这要求血管系统有巨大的表面积,使它遍布全身,因此,血管系统一定是一个分形结构。

肺泡为什么是分形结构呢?因为成人的肺拥有大量肺泡,其总数达 3 亿个之多,这使肺泡进行氧气和二氧化碳气体交换的面积非常大,约 70 平方米,而成人的皮肤总面积不到 2 平方米,因此,人的肺泡一定也是一个分形结构。

黑洞不太黑

20世纪物理学最重要的两个成就是相对论和量子力学,对于质量较大的物体,和广义相对论有关的现象将会比较明显;而对于量子力学来说,微观世界是它大显身手的场所。自然界里,把这两种情况联系起来的非黑洞莫属。

在超大恒星的晚年,随着能量的耗尽,自身巨大的质量将会导致其塌缩,超过一定质量后,产生的巨大引力将会引起周围的空间极度弯曲以至于弯进去的光线也没法逃脱,这就是所谓的"黑洞"。爱因斯坦拿黑洞和物理学里面的另一个概念——黑体相比,认为黑洞和黑体一样,都能完全吸收射进去的光;但是和黑体不同的是,黑洞只进不出,不会发出光来,而黑体在一定温度时能发射某种波长的光(电磁辐射)。

英国物理学家霍金毕生致力于宇宙学的研究工作,取得一系列重要的研究成果,其中就包括黑洞的辐射问题。根据霍金的观点,从量子物理学的角度出发,在黑洞边界处的一对正负粒子对,可以通过被黑洞吸收其中的一个粒子,而使得另一个粒子获得足够的能量从黑洞引力中逃脱,在逃脱的过程中,有可能和其他逃脱的粒子湮灭,产生一对光子。通过这个物理机制,黑洞也可以发光。

验证这样的观点的确是一件很困难的事情。在被黑洞吞噬的过程中,物质被加热到很高的温度,这些高温物质发出的光要比黑洞产生的辐射强得多。要观察黑洞的辐射只有观察质量很小的"微型黑洞"才行,这种微型黑洞是通过把大量能量注入极小的空间区域中形成的。一种可能是在宇宙形成的早期,由于能量密度极高,有可能形成这样的微型黑洞。但是这些宇宙早期发出的光,距离我们实在太遥远,难以观测到。还有一种可能是通过高能加速器把众多高能粒子集中在狭小的区域发生碰撞产生。由于辐射的存在,微型黑洞只能存在极短的时间就消失成辐射了。这样的微型黑洞并不会毁灭地球。

2019 年 4 月,人类历史上首张黑洞照片面世。该黑洞位于室女座,距离地球 5 500 万光年,质量约为太阳的 65 亿倍。

混 沌

1961 年的一天,美国气象学家洛伦茨正在他那台计算机上做着模拟天气预报的试验。

气象是地球大气底层的各种与大气运动有关的物理现象,如气温、气压的变化等。至于大气运动的规律,科学家早已总结出一些数学方程式。为了预报未来的天气必须知道目前的气象状况,它应该由遍布全球的气象观测站提供测得的实际数据。现在是模拟试验,洛伦茨可以自己假设,并用计算机帮助计算。

这天,洛伦茨想检验一下计算结果是否可靠,他想把已经计算过的数据再计算一遍,他把原来的初始值 0.506 127 用 0.506 输入,误差仅千分之一。此后,他离开办公室,1 小时后回来,意想不到的事正等待着他:这次计算结果本应完全重复上次的计算结果,至多精确度差一些。但是,现在这两个结果却大相径庭,就好比一个预报某天是晴空万里，另一个却预报这一天是电闪雷鸣，简直是驴唇不对马嘴。经检查，计算机没有毛病，问题出在他输入的数据上，原来以为千分之一的误差算不了什么，现在却导致了意想不到的后果，这正应了中国的一句古话："差之毫厘，失之千里。"

洛伦茨要弄清楚到底是什么原因使他的"模拟天气"居然容不得这区区误差。经研究，洛伦茨选择的那一组方程是非线性方程，它代表的过程对于外界的一些十分微小的干扰表现出强烈的变化。洛伦茨作了一个生动的比喻：一只蝴蝶在巴西扇动一下翅膀，会在美国的得克萨斯州引起一场龙卷。后来人们把这种非线性效应称为"蝴蝶效应"。

自然界的绝大多数现象，如大气的运动、水流中的涡旋和湍流、地震波等，都必须用非线性方程描述，而非线性方程所描述的过程一般都是混沌过程。"混沌"是混乱无序的意思。混沌现象最大的特征是：在短时间内它是确定的，在长时间后表现为不确定性。根据这一特征，洛伦茨等气象学家认为，对于一到三天的短期天气预报，可按已有的确定性办法进行；对于季节和年际气候预报，则不光受初始条件影响，更受边界条件影响。最难的是两周以上的长期天气预报，其预报准确性最差。

海浪为何迎面袭来

站在海岸上极目望去，波涛汹涌的海浪总是一排排迎面袭来，从来没有见过沿海岸线前进的海浪，这是为什么？

海面上的波浪在深海处传播的速度总是比浅海处的传播速度快，越是近海岸，海水越浅，受海底摩擦，波浪的速度越慢。图中的虚线 AB 表示海岸附近深水域与浅水域的分界线。在深水域中，海浪在第 1、2、3……11

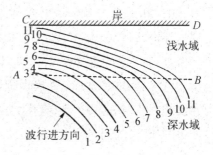

秒走过的距离较大（因为速度快），因此，线条之间的间隔大。浅水域中，同样花费 1 秒钟时间，海浪经过的距离短，表现为线条之间的间隔小。因此，在分界线处海浪的波长和传播方向发生了改变，海浪的传播方向变得渐渐垂直于海岸线了。由于越靠近海岸的海水越浅，所以，海浪前进的速度也渐渐慢下来，这就使它的传播方向越来越垂直于海岸线。当我们站在海岸面向大海时，由于看到的海浪前进方向都是垂直于海岸线，我们就感到海浪是迎面一排排袭来的。

在远离海岸的深海处，海浪的行进方向取决于海风与海流的方向，并不一定朝观察者迎面而来。

夜半歌声

电影《夜半歌声》中，被恶势力毁容的男主角，半夜站在一座古塔的顶部唱出的悲愤歌声，回荡在夜空。为什么声音在夜间传播得更远？这主要是因为夜间和白天声波在大气中的折射有所不同。

一般说来，白天离地面越高，大气温度越低。声速与温度有关，温度越低,声速越慢。地面上的声源(如人在唱歌)发出的声波的速度随高度逐渐减慢,形成自下而上的折射。它的声线(连接声波传播方向的轨迹)向声速较低的方向弯曲,形成如图 a 那样向上弯的情况。从图中可以看出,在地面上能接收到声波的范围很小,而静区(即收不到声波的地区)的范围很大,越往上静区越小,这就是声波在地面附近传不远的原因。加上白天人类活动的嘈杂声大,就更听不清楚了。

夜间的情况正好相反。在夜间,地面辐射冷却,离地面越高,大气温度也越高。地面发出的声波的速度随高度升高而逐渐加快,形成自上而下的折射,其声线形成图 b 所示那样向下弯的趋势。地面附近几乎没有静区,能接收声波的范围很大。加上向下弯的声线射到地面上,因为反射的缘故,几乎沿原路折回。这样,声线形成一个个拱形,声波的能量就集中在地面附近。因此,声音在夜间传得更远。并且夜间嘈杂声又都停止,声音传播的背景噪声减少,所以,同样响的声音在夜间听上去格外清晰。

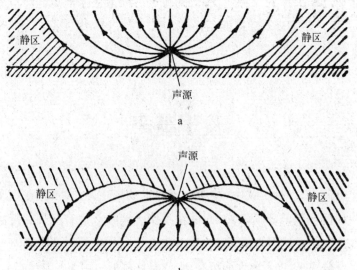

近聆不如远听

当广播电台实况转播音乐会时,首先听到乐声的是离舞台几十米的现场听众呢,还是远在 1 000 千米之外收听无线电转播的听众?你也许觉得当然是现场听众先听到,其实不然。

现场听众听到的乐声是靠声波直接传播的。声波在 20℃(室内温度)的空气中传播的速度约为 340 米／秒,因此,一位离舞台 34 米远的现场听众听到乐声大约需要 1/10 秒。无线电波是以光速(3×10^8 米／秒)传播的。假定转播音乐会时话筒就放在演奏者的身旁,那么声音从乐器传到话筒的时间可以忽略不计。又假定声音转变为电信号后,从调制器(以光速)传到天线上的时间也可以忽略不计。那么,无线电波传到 1 000 千米之外的收音机只需要 1/300 秒。两者一对比,就可以看出,还是收听无线电转播的听众比现场听众先听到声音,真可谓近聆不如远听呀!

反映声速和光速存在巨大差异的例子还很多:下雷雨时电闪雷鸣,由于电闪以光速传播,雷鸣以声速传播,所以,我们总是在看到闪光后好一会儿才听到雷响。又如,百米赛跑时终点的计时员总是在看到裁判的发令枪冒烟时

就按下秒表,如果在听到枪声后才开始计时,那么,声波传播 100 米需要 0.29 秒,这对现代百米跑要以 0.01 秒见输赢的情况来说,误差太大了。

共振的幽灵

任何物体产生振动后,由于其本身的构成、大小、形状等物理特性,原先以多种频率开始的振动,会渐渐固定在某一频率上振动,这个频率叫做该物体的"固有频率",它与该物体的物理特性有关。当人们从外界再给这个物体加上一个振动(称为"策动")时,如果策动力的频率与该物体的固有频率正好相同,物体振动的振幅达到最大,这种现象叫做"共振"。物体产生共振时,由于它能从外界的策动源处取得最多的能量,往往会产生一些意想不到的后果。

18 世纪中叶,法国昂热市一座 102 米长的大桥上有一队士兵经过。当他们在指挥官的口令下迈着整齐的步伐过桥时,桥梁突然断裂,造成 226 名官兵和行人丧生。究其原因是共振造成的。因为大队士兵迈正步走的频率正好与大桥的固有频率一致,使桥的振动加强,当它的振幅达到最大以至超过桥梁的承载力时,桥就断了。类似的事件还发生在俄国和美国等地。鉴于成队士兵正步走过桥时容易造成桥的共振,所以后来各国都规定大队人马过桥时,要便步通过。

中国的史籍中也有不少共振的记载。唐代开元年间,洛阳有一个和尚,他在房间内挂着一副磬,常敲磬解烦。有一天,和尚没有敲磬，磬却自动响起来了，这使他大为惊奇，最后惊扰成疾。和尚的好朋友曹绍夔是宫廷的乐令，不但能弹一手好琵琶，而且精通音律(即通晓声学理论)，闻讯前来探望。经过一番观察，他发现每当寺院里的钟响起来时，和尚房里的磬也跟着响了。于是曹绍夔拿出刀来把磬磨去几处，从此以后磬就不再自鸣了。他告诉和尚，这磬的音律(即现在所谓的固有频率)和寺院的钟的音律一致，敲钟时由于共振，磬也就响了。将磬磨去几处就是改变它的音律，这样就不会引起共鸣。和尚恍然大悟，病也随之痊愈了。

登山运动员登山时严禁大声喊叫，是因为喊叫声中的某一频率若正好与山上积雪的固有频率相吻合，就会因共振引起雪崩，其后果十分严重。

怎样测转速

电动机是把电能转换成机械能的设备，广泛应用于工业生产的各个领域。有些电动机的转速很快，每分钟高达几千甚至上万转。这么快的转速是怎样测定的呢？

测转速的仪器的设计原理源于一个简单的实验。如图所示，在支架 B 的横杆 A 上，用细绳悬挂着 C_1、C_2……C_5 等五个小球，另一个小球 D 挂在 A 的伸出端。如果使 D 线的长度等于某一小球(例如 C_3)的挂线长

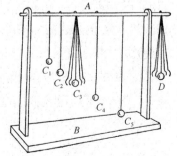

度,那么,当 D 开始摆动后,只有 C_3 的摆动越来越大,直至和 D 的摆幅一样大(共振),其他小球的摆动都很微小。改变 D 挂线的长度,使它与别的某个小球的挂线一样长,那么,相应的小球的摆动也能产生共振。这种共振是由于相应小球摆动的固有频率(取决于挂线的长度)与 D 球的摆动频率一致所引起的。

测量转速的"旋速计"就是利用这种共振原理设计的。它由许多条不同长度的片状带钢装在同一支架上,这些带钢的固有频率事先都精确测定并计算过。把旋速计支架放在转动中的电动机上,并使之紧密接触,它就感受到电动机旋转所引起的振动。当电动机旋转的频率与某条带钢的固有频率相同时,这条带钢会因共振而发生显著的摆动,而其他带钢几乎保持静止。读出刻在这条带钢上的固有频率的读数,就能得出该电动机的转速。

核试验是否泄密

1964 年 10 月 16 日,中国成功地试爆了第一颗原子弹。在中国政府的新闻公报发布之前,世界各主要通讯社就抢先发布了这次核试验的头条新闻。他们的消息来自何方?当然,这不是由于我们失密造成的,而是设在世界各地的次声监听站收到了核爆炸所发出的强烈次声波,从而得知中国进行了核试验。核爆炸是一次剧烈的大爆炸,它发出的声波涵盖了各个频段的声波:超声波、冲击波、可听声波、次声波等。

次声为何能将核爆炸信息传到千里之外呢?我们知道,人耳能听到的声波的最低频率约为 20 赫,低于 20 赫的声波人耳听不到,被称为"次声"。由于次声波在传播时的能量损失很少,所以它可以传得很远。大型核爆炸产生的次声波有时可以绕地球转上几圈。通过次声监听站的检测,人们不仅可以测出核爆炸的地点和时间,还可以测出核爆炸的当量和所采用的方式是地上还是地下核爆炸。此外,火箭升空时高速喷出白炽的火焰与大量气体,引起空气和地面的振动,也会产生各种声波,当然也包含次声波,所以火箭的发射也逃不过次声监听站的"耳朵"。

地震、火山爆发、海啸、台风等大自然现象,则是天然的次声源。研究天然次声波的发声机制、传播特性,可以提供地震等自然灾害的预报手段,还可以通过对自然界次声所携带信息的研究,了解地层变化等自然现象。例如,智利大地震产生的次声波,曾激发了地球的固有振动,其周期为 1 小时。知道了地球的固有振动频率,就为研究地球的结构提供了有用的资料。

潜艇的克星

第二次世界大战中,德国潜艇部队司令邓尼茨实行"海狼"计划,派出大批潜艇实施水下攻击,使美、英等同盟国的运输船只损失大半。潜艇崭露头角,也使人们对怎样探测到这种水下战舰产生了兴趣。几经周折之后,人们才发现对付潜艇的方法,是使用由法国物理学家郎之万发明的"声呐"(sonar,英文"声音导航和测距"的字头缩写)。为什么只能依靠声波来探测在水下游弋的潜艇呢?

在水下能用望远镜看见远处的潜艇吗？不能。即使用现代的光学仪器，假定海水也较洁净，在水下最多只能看到几十米远的地方。那么，在水下能用雷达来探测具有金属外壳的潜艇吗？更不行。因为电磁波在海水中的衰减太大。波长为 10^4 米的极低频电磁波，在海水中每传播 3 米，其振幅就衰减为原来的十分之一；如果采用高频（波长为几十厘米）电磁波，在海水中每传播 1 米，其强度就衰减为原来的一千万分之一！然而，海水对声波的吸收远比光波和电磁波小。如果采用 10 千赫的超声波，每传播 1 千米，它的强度只衰减为原来的 80%。若用 0.05 千赫的次声波，每传播 1 千米它的强度只衰减为原来的 98%。因此，声波（特别是低频声波）因其在水下传播时的衰减很小，可以用作水下传递信号的载体。

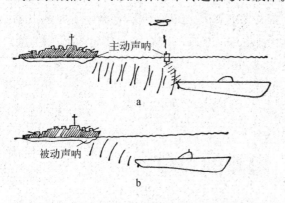

主动声呐

a

被动声呐

b

声呐按工作原理，可以分为两大类：（1）主动声呐（图 a），这种声呐能主动向水中发射各种形式的声信号，遇到目标后就产生反射回波，接收回波信号再进行分析处理，就能得出目标所在的方位和距离；（2）被动声呐（图 b），它本身不发射声波，只是被动接收目标所发射的声波（潜艇航行时，其发动机总有噪声发出），再进行分析处理，也可以显示出目标的方位距离。被动声呐具有保密性好、定向距离远等优点，但它在测距时较困难。

虾兵蟹将

第二次世界大战期间,纳粹德国海军与同盟国海军在大西洋上进行着激烈的海战。为了确保德军舰只的安全,德国海军在一些重要航道旁,布设了大量新发明的"声响水雷"。这种水雷比磁性水雷灵敏得多,能在相隔较远的对方舰艇发动机声响的诱导下自动爆炸,从而达到摧毁对方舰艇的目的。

正当德军自以为得计时,这些声响水雷却意外地接二连三自动爆炸,连一条盟军舰艇也未炸着。这件事让德国人百思不得其解。若干年后,经水声学家和海洋生物学家的研究才发现,这些布雷区的海域中,生活着大量小虾,它们能发出某些频率的声响。这些声响与舰艇发动机的声响的频率一致,于是大量小虾发出的巨大声响,诱爆了德军的声响水雷,使他们想依靠这种新式武器打击盟军舰艇的希望成了泡影。

事实上,海洋中的生物大部分都能发声,只不过有些发出的是人耳听不到的超声或次声,上述这种小虾发出的则是与舰艇发动机响声相似的可听声。因此,在设计、制造和使用海洋测量仪器时,必须周密地考虑海洋生物发出的种种声波,否则就会功亏一篑了。

深海报警

船舶或飞机在大洋中失事时,如果无法用无线电发出求救信号,则可以向深海投掷炸药包作为呼救信号。2千克炸药在1千米深的海洋中爆炸时,发出的声波可传播到几千千米之外。由几个海岸监听站从不同位置收到的报警声,就能较准确地测定失事地点并组织营救。用同样的办法也可以测定洲际导弹或宇宙飞船返回时的溅落位置。

声波在深海中传播得远,是因为存在一个深海声道。它与海面、海底都保持一定的距离,声波在这个通道里传播时,很少遭受海面和海底反射时造成的能量损失。这就像人们利用空管子对着讲话,它能把声音传得很远。深海声道具有这一特性,是由于不同深度的海水的温度不同,所以声波传播的速度也不同。在深海声道的上方,温度随深度下降,声速也随深度下降,即越向上声速越快,声波受海水折射后向下弯曲传播;它的下方为深海同温层,声速随深度的增加而增加,即越向下声速也越快,声波受折射后向上弯曲传播。结果,不同温度的海水层像透镜聚焦一样,把声波的能量聚集在声道内(在图中表现为声线集中在声道内)。不仅如此,在深海声道的某些地方,声能特别集中就好像透镜的焦点

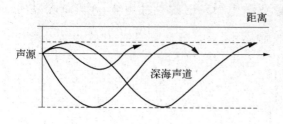

一样,这些区域叫"会聚区"。在大洋中,每隔 30～50 海里就有一个会聚区。正是这种深海声道里的会聚作用和接连不断的会聚区的存在,才使声波能在深海中作超远距离的传播。

天坛三奇

北京正阳门外的天坛创建于明代永乐年间,这个建筑群内有三个具有明显声学特性的奇迹(天坛三奇),吸引着来自世界各地的游客,也展示了中国在建筑声学方面早已取得的杰出成就。

一奇是回音壁。它是一座圆形围墙,半径为 32.5 米,高约 6 米,整个围墙平整光滑。当甲、乙两人分别站在东、西配殿后,贴墙而立,甲面对墙壁讲话时,乙站在另一处,将耳朵靠墙就能听清楚甲讲了些什么。奥妙何在?原来,当人面对墙壁讲话时,声波在墙上产生反射。由于墙壁的弧度十分规则、墙面极光滑,声波遭反射时能量损失很少,结果人的讲话声被墙壁多次反射而传得很远。

二奇是三音石。它是位于回音壁圆心处的一块石头,人站在上面用力击一下掌,就可以连着听到三声响,"三音石"由此得名。当人站在三音石上鼓掌时,声波射向回音壁,又从墙上反射回来构成回声。由于回音壁墙面反射性能良好,加上它高达 6 米,比声源(鼓掌的人)高得多,能把声波绝大部分反射回去。从拍手到听见回声,声波来回共走两个半径的距离,大约需要 0.2 秒。人听到第一次回声后,这个回声波又继续向相反方向传播,被墙壁反射后便构成第二次回声。依此类推,构成第三次、第四次……回声,每次回声之间的时间间隔都是 0.2 秒左右，当然，回声的强度一次比一次弱。由于回音壁的反射性能好，所以第三次回声仍可以听得清楚。若使劲鼓掌，由于声波初始强度大，掌声经第四、第五次反射后的回声仍能听见，那就会出现"四音""五音"。此外，由于三音石地处回音壁的圆心，所有的反射声波都要经过圆心再继续向相反方向传播，所以在三音石处的反射声波最强。若站在其他地方鼓掌，因回声不能聚焦在一点，听起来要比三音石上听到的要轻，而且由于回声到达鼓掌者的时间先后不一，听上去是连续成一片，而不是间断的三声。

三奇是圜丘。位于天坛南面，是一座圆形平台，中心略高，四周稍低，周围有白色石栏杆。人站在平台中央鼓掌，自己听到的声音特别响，有震耳的感觉。这是四周的栏杆造成的。由平台中央发出的掌声，一部分直接传向石栏杆，经反射后射到附近的平台面，再经它反射回中央；另一部分掌声先传向平台面，再由它反射到栏杆上再反射回中央。这样，几路回声叠加在一起，由于距离近（平台半径仅11.4 米），传播时间短，耳朵来不及分辨先后到达的回声，听上去就觉得声音响了许多。

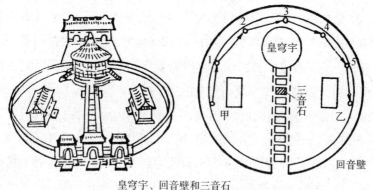

皇穹宇、回音壁和三音石

需要说明的是，天坛三奇迹的声学效果必须在较为理想的声场中才得以体现。如今，天坛上游人如织，大批人群对声波的反射和吸收，严重地干扰了理想的声场分布，所以，声学效果不那么明显。

声学与人民大会堂

人民大会堂的万人大礼堂的体积是 9.1 万立方米，表面积达 1.92 万平方米。这么庞大的建筑，它的声学要求很高：(1) 有合适的混响时间；(2) 开会发言时，每个座位能听到 70 分贝的声音，演奏音乐时，每个座位要听到 80 分贝的声音，且整个大厅的声音分布要均匀；(3) 别处传来的噪声要小于 35 分贝。三者必须兼顾，这对设计师来说是一个难题。

声波在室内的传播与它在室外空旷地方的传播完全是两码事。在室内传播时，声波要受到四面墙壁、天花板和地板的反射。砖和水泥等建筑材料是声波的良好反射体，反射率常达到 97%～99%。因此，声波在室内传播就像光在四面都是镜子的空间里传播一样，要来回反射很多次。由于声速只有约 340 米／秒，反射多次就要几秒甚至几十秒。因此，当前一句话的声音还在反射之中，后一句话的声音又到了，这样就形成"混响"。混响会造成讲话声的互相干扰。

为了达到万人大礼堂的前两条声学要求，设计师们采取了"三管齐下"的措施。为了消除回声，万人大礼堂的后墙及左右两壁都采用吸声材料，再铺上地毯，连座椅都用丝绒包起来，以尽量吸收声波，减少反射。为了在开会时让每位听众都听清楚发言，在每个座位

上安装了一只小扬声器,总共 8 000 只。它们的直径只有 65 毫米,电功率 0.1 瓦,能产生 75 分贝的声响。这样,万人大礼堂内的声场分布均匀,而且扬声器与发言人的声音同步,使听众感到是在直接聆听报告人的发言。为了达到演出时的音响效果,在舞台的各部位配置了 14 个扬声器,组成三通道立体声放大系统。扬声器组的声音分别从上、左、右三个方向传来,听起来丝毫没有失真的感觉。"三管齐下"的措施不仅满足了开会和演出时的声学要求,而且使万人大礼堂在满座时的混响时间仅为 1.6 秒,即使在全空时(这时反射必然增强)也只有 3 秒。

万人大礼堂被包围在别的大厅当中,为防止别的大厅中的声响传入,隔墙采用空腔吸声结构,再在空腔内填满矿渣棉,外面用薄胶合板覆盖。这样就把外面大厅传入的噪声限制在 30 分贝以下。

听不懂自己

我们有这样的经验:听自己的声音的录音总觉得不太像,而在别人听来都认为像,这是怎么回事呢?

我们平时听到的声音,可以通过两条不同的途径传入耳内。一条途径是通过空气,将声波的振动经过外耳、中耳一直传到内耳,最后被听觉神经感知。别人听你的讲话和你自己(还有别人) 听自己声音的录音,都是通过这样的空气途径传入耳内的。对别人说来,直接听你讲话,或是听你的录音,由于都是听从空气里传来的声音,

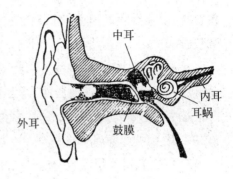

所以效果一样,即这两种声音是很像的。

另一条途径是通过体内骨头来传播声音,这种方式叫"骨导"。我们平时听自己讲话,主要是靠骨导这种方式。从声带发出的振动经过牙齿、牙床、上下颌骨等骨头,传入我们的内耳。因此,对我们自己来说,听自己讲话是通过骨导方式听到的。由于空气和骨头是两种不同的传声媒质,它们在传播同一声源发出的声音时,会产生不同的效果,所以,我们听上去就感到这两种通过不同途径传来的声音的音色有差别。于是就觉得录音中的声音不像是自己的声音。

乐器的"四大家族"

古今中外的乐器少说也有几百种,不过按它们发声原理的不同,大体可归为四大类。

1. 弦乐器　通过拉、弹、拨、击的方法使弦振动而发声的乐器,再借助共鸣箱使弦的声音在共鸣箱中共鸣而被放大。常见的弦乐器有小提琴、大提琴、吉他、二胡、琵琶等。钢琴虽然靠键盘的敲击

来发音,但最终也是以弦的振动和共鸣箱来发音的,所以也可归到弦乐器中。

2. **管乐器**　它们是一些一端封闭另一端开口的管子,人用嘴吹动簧片或哨子之类的振动器件,激发管内的空气柱振动而发声。西洋乐器中的单簧管、双簧管、长号、圆号、长笛、短笛等,民族乐器中的笛、笙、箫、唢呐等都属于这一类。

3. **打击乐器**　用器物(棒、槌等)打击膜、板、棒等东西,使之振动而发音的乐器的总称。这类乐器的激振器件与共鸣器件常常是同一件东西(如钹、音叉等)。包括西洋乐器中的定音鼓、木琴、三角音叉等,还包括民族乐器中的锣、鼓、钹、梆子等。

4. **电子乐器**　现代电子乐器可以分成两类:一类如电吉他、电提琴等,是在原来乐器(吉他、提琴等)的基础上,增添电子扩音系统和音色变化装置,大大改善原有乐器的表现能力。另一类如电子琴等,完全由电子振荡器来完成音阶的组成。在传统乐器中,钢琴弹不出小提琴的音色,笛子也吹不出二胡的声响。而电子琴依靠音色合成网络,能演奏出几十种不同音色的乐器声来。此外,它还装有各种自动装置,可以自动产生节奏、和弦等音响效果,大大简化了演奏,甚至一台电子琴能奏出一个乐队的效果来。电子琴的出现,是对传

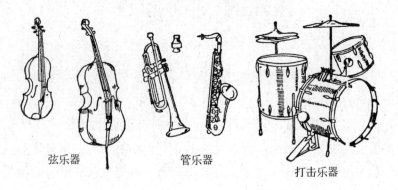

弦乐器　　　　管乐器

打击乐器

统乐器的革命性变革。电子合成器除了能模拟各种传统乐器的演奏外,还能模拟人的歌唱声、大自然的鸟鸣、风声等,甚至能制造出人类从没听到过的"太空音乐"来。电子合成器的出现,把电子乐器的发展推向一个新的高峰。

震耳欲聋

人们常用"震耳欲聋"来形容强噪声对人体的危害。长期在噪声下工作的人,除了听觉不灵之外,还会出现头昏、头痛、神经衰弱和消化不良等症状。强烈的噪声还会使人头晕目眩、呕吐、视觉模糊,甚至引起呼吸、脉搏、血压、胃肠蠕动等方面的变化,这时人全身微血管的供血减少,出现疲劳感,甚至讲话能力都受到影响。噪声还会使人的智力减退。美国洛杉矶市内,位于噪声较大的快车道沿线的学校,其学生的阅读和数学考试的成绩大大低于坐落在安静地区学校的学生。

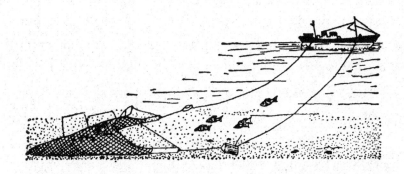

噪声对动物的危害也是显而易见的。科学家们试验过将兔子暴露在160分贝的特强噪声下,它们很快就体温升高、心跳紊乱、耳朵失聪、眼睛也暂时失明,无目的地乱闯乱撞。海洋中的生物十分害怕噪声,因此,船舶航行时的螺旋桨噪声,使附近的鱼群逃之夭夭。由于这个原因,捕鱼船的渔网要有相当长的拖绳,以便将网撒得远远的,避免渔船的轮机声惊扰鱼群入网。有人根据噪声对动物的影响,还发明了一种"噪声弹"。这种炸弹爆炸时放出的噪声,能使鱼和其他海洋动物的听觉中枢神经发生麻痹,造成短时间昏迷,从而浮上水面。捕鱼人可以乘机将大鱼捞上来,把小鱼留下,以保护水产资源。

安 静 墙

铁路两旁的居民最头疼的问题是火车开过时那震耳欲聋的隆隆声,一天24小时吵得人寝食不安。有的铁路两旁有围墙,但那是为安全而筑的,对防止噪声没有多大作用。现在,铁路的两侧出现了一道道能消声的"安静墙"。在其周围1千米范围内,火车的噪声可以被吸收掉75%。由于这种安静墙的作用,令人讨厌的火车隆隆声已被减弱到相当于一辆轿车驶过的声响。这种消声墙用高强度塑料板制成,板的内部有一连串海绵状囊窝,囊窝呈八角形,可以大大衰减火车的噪声。这种墙只有1米高,既不阻挡住户的阳光,又不妨碍人们的视线。

类似的防噪声墙也用到了大城市街道的中央隔离带上。它们的外形很像蜂巢,大多用陶瓷烧制而成,也有用水泥浇筑的,还可用红砖砌造。它们可以大大减少城市噪声,使巨型卡车通过时的噪声减弱到如一辆轿车行驶时的噪声。

城市的主要干道往往是林荫大道,它不仅有绿化和遮阳的作用,对降低噪声也有显著功效。据试验,一条40米宽的林带,可以把噪声降低10~15分贝。

树木能消声,首先是因为树木能散射声波,林荫大道的树木多,其散射的作用就更明显。其次,声波在通过树木时,部分声能被树叶吸收,造成树叶的轻微摆动,由于一部分能量被吸收,也减少了噪声的强度。此外,树叶表面有很多微小的气孔和绒毛,就像多孔的纤维板能吸声一样,它们也起着吸声的作用。由于上述几种消声作用,声波在树林里的传播能力只及在空旷地方的十分之一。

机场四周的噪声更大,然而,现在人们也有了消声的办法。例如,德国法兰克福机场周围的消声墙,高约10米,呈向外弯曲的抛物面形。这样,飞机起降时的巨大噪声被反射到机场上空,再加上它构筑时用的是吸声材料,可将机场噪声反射和吸收掉80%。

神奇的热与材料

shenqidereyucailiao

空气里的"水"

如果告诉你在任何一间普通房间里,我们都能从空气中搞到500克左右的"水",甚至比这还要多,你一定会感到诧异,天又没有下雨,水从何来?这要"归功"于空气的湿度。空气中多多少少总有一些水蒸气,例如,在20℃,当空气中的水蒸气达到饱和时,每立方米的空气中含有17.3克水蒸气。一般情况下,空气中的水蒸气不是饱和水蒸气,只是这个数值的60%左右,因此,每立方米的空气中实际含水蒸气约10克。虽然这个数字很小,但对整个房间来说,其水蒸气的总量并不少。不难计算,在面积为16平方米、高3米多的房间中,水蒸气含量约为500克。

人体的感觉跟空气中水蒸气的多少密切相关。干空气和湿空气都会使人感到不舒服,人在沙漠里行走时为什么感到难受?就是因为沙漠的空气太干燥,人体内的水分不断蒸发,造成缺水所致。人体感到较舒适的相对湿度是60%。

不烫手的"开水"

"开水"这个词常常与"烫手"联系在一起,不过这是指在地面上把水烧到沸腾时,它是十分"烫手"的,因为它的温度达到100℃。

当你到高山或高空去烧水时,情况就不同了。尽管也把水烧沸腾了,但它并不一定烫手。在海拔5 000米的高度上,大气压力只有0.05兆帕,相应的水的沸点为82℃。当我们处在世界最高的珠穆朗玛峰8 844米的高度时,那里的大气压力大约只有0.03兆帕,相应的水的沸点约为69℃。如果坐气球升到几万米高空去烧水,那里的大气压力低到只有0.015兆帕,水的沸点只有11~18℃。那种"开水"的温度还不及地面上的冷水。因此,在高山或高空烧东西会出现许多怪现象:烧出来的"开水"不烫手;煮出来的鸡蛋半生不熟;"用开水消毒"成了一句空话,温度不高的"开水"根本杀灭不了细菌。

与此相反,在气压比地面大得多的深矿井底部,却可以得到十分烫手的"开水"。例如,在深达300米的矿井里,水的沸点达到101℃。而在600米深处,水的沸点达到102℃。

市长做实验

17世纪,德国马德堡市的市长、科学家盖里克发明了可以抽真空的空气泵。为了演示大气压的威力,他于1654年5月8日在国王面前表演了两个半球实验(图见下页)。他定做了两个直径为51厘米的中空的青铜半球,它们装有阀门,可以抽走球内的空气,两个半球都装有可穿绳索的铁环,以便于套上马匹。他又定做了一个浸了石蜡松节油的皮圈放在两半球之间以防漏气,然后用抽气泵快速抽

盖里克进行马德堡半球实验时的情景

光两个半球内的空气，这时两个半球将皮圈紧紧地压住。然后，每边用 8 匹马（像人拔河一样）拉，但未能拉开两个半球。

把两个马德堡半球紧紧压成一个球的外力是空气压力，它是如此之大，以至用 16 匹马（两边各 8 匹）竭尽全力也未能把它拉开。我们可以简单地算一下大气压力有多大。为计算方便，马德堡半球的半径取值为 25 厘米，球的表面积为 7 850 平方厘米，1 个标准大气压为 1 013.25 百帕，作用在每个马德堡半球上的大气压力大约是 19 384 牛，也就是说每匹马要付出 2 423 牛以上的拉力才能拉开两个半球呢。

"华盛顿分子"

如果说现在我们每个人的肺里，都可能有几个美国首任总统华盛顿临死时最后一口气中的分子，你一定会觉得这是在胡扯：华盛顿去世已经二百多年了，美国离我们又是那么遥远，"华盛顿分子"

怎么可能传给我们?

英国著名物理学家金斯是这样来分析问题的。

我们知道,1摩尔理想气体中包含的分子数为 6.022×10^{23},这就是阿伏伽德罗常数。在标准状态下1摩尔的理想气体占有22 400厘米^{3}的体积,因此,在标准状态下1厘米^{3}的理想气体中的分子数为 2.69×10^{19}。人每次呼吸的空气体积大约是400厘米^3,因此,华盛顿的最后一口气中约含有 10^{22} 个分子。

人的呼吸是一个不断与大气交换新鲜空气的过程。据估计,整个地球大气层里约有 10^{44} 个分子。华盛顿逝世至今已快200年了,在这么长的岁月中,他临死时呼出的最后一口气中的 10^{22} 个"华盛顿分子",在不断的无规则热运动中被扩散到整个大气层中,并且均匀分布在 10^{44} 个大气分子中,这就意味着每 10^{22} 个大气分子中就有1个"华盛顿分子"。

由于人的每次呼吸量为 10^{22} 个分子,因此,人每呼吸1次就有1个"华盛顿分子"进出于他的呼吸系统。正常人的肺活量为2 000~3 000厘米^3,为1次呼吸量的5~7倍。因此可以认为,我们每个人的肺里经常有几个"华盛顿分子"在里面。

真空工厂

宇宙空间的真空度可达到 2.6×10^{-16} 帕,地球上能够达到的真空度只有 1.3×10^{-10} 帕,因此,在宇宙空间中的一个容器里只有1个空气分子的话,把这个容器搬到地球上的最高真空里去,它里面竟然

增加100亿个空气分子!

有些精密产品常常需要在高真空环境中进行生产或加工,以减少空气分子对产品质量的影响。例如,要制作性能更佳的半导体器件和厚度只有几个原子直径的超大规模集成电路,地面实验室的真空度已经"力不从心"了,只有到宇宙空间中去,利用那里的超高真空度建造"真空工厂"才能实现这一目标。作为这项发展要求的第一步,轨道空间站便应运而生。

在未来的"真空工厂"里除了生产高质量电子器材外,还可以生产高级有机化合物。在超高真空中,有机化合物在较低的温度下就会发生汽化,因此,不需要加以高温就可以使有机化合物在没有裂解的情况下完成蒸馏分离。这样,在地球上无法提取的纯粹形态的有机化合物,在"真空工厂"中就可能用简单的方法提取出来,这对我们进一步了解复杂有机化合物的结构和性能,并设法以最低的成本将其制造出来,都具有十分重要的意义。总之,"真空工厂"在材料工业中是可以大有作为的。

"吸毒"大王

净水器及防毒面具里都用活性炭来吸附有害物质或有毒气体,许多固态物质都有吸附作用,为什么偏要用活性炭?活性炭的主要成分是碳,碳元素化学稳定性较好,不易与有毒物质起反应,而且活性炭特别容易被捣碎成粉状,炭粉的线度大小可达几纳米,这就大大增加了其与有害物的接触面积,从而加强了吸附能力。

假定有害物质的分子的横截面为 10^{-15} 厘米 ^{2},这意味着在 1 厘米 ^{2} 的吸附物质的表面上,可以吸附 10^{15} 个分子。一块每边长 1 厘米的方形活性炭,它具有 6 厘米 ^{2} 的表面积。若把它分割成边长为 0.5 厘米的八个大小相等的小炭块,每小块的总表面积达到 12 厘米 ^{2},比大炭块要大出一倍。如果再分割下去,最后把这块炭分成边长为 10^{-6} 厘米的炭粉(总共有 10^{18} 个)。虽然每一小粒炭粉的表面积只有 6×10^{-12} 厘米 ^{2},但是,10^{18} 个炭粉粒的总面积却达到 600 米 ^{2}! 在这些表面上可以吸附 6×10^{21} 个有毒物质的分子。因此,装有 1 千克活性炭的防毒面具就可以吸附几十升的有毒气体。

　　在 18℃ 及 101 325 帕气压下,1 单位体积的炭粉能吸附的各种有毒气体的体积数为:一氧化碳(CO) 9.4,氧化亚氮(N_2O) 40,硫化氢(H_2S) 55,二氧化硫(SO_2) 65,氯化氢(HCl) 85。

我们身边的软物质

　　做轮胎用的橡胶,洗洁用的泡沫塑料,做电视机荧光屏用的液晶……这些物体是固体还是液体? 长期以来科学家把它们称为"复杂流体",后来又把它们称为"软物质",它们之间存在共性。

　　一颗小小的纽扣电池可以使液晶手表成年累月地走个不停,一滴卤汁可以使一杯豆浆变成豆腐,这说明液晶、豆浆能对外界微小的作用作出强烈的反应。天然橡胶每 200 个碳原子中只要有一个与硫发生反应,就会使橡胶的碳氢链连成网状结构,从而使胶乳从液态变成固态。经过硫化处理的橡胶在宏观上是固体,但是在

微观上仍是局部液体,只是这种固体表现得十分柔软,"软物质"由此得名。

你一定知道油污附着在布料上是很难用清水洗去的,但是,为什么擦上肥皂以后就能清除油污呢?这是因为肥皂中有一类构成软物质的分子叫作"表面活性剂分子",这种分子尺寸相当小,只有几纳米,但它有两极分化的特点:(如图)它的一端是强烈亲水的极性端,极性端以外是亲油的脂肪链,当沾上油污的布料上擦了肥皂后,肥皂中表面活性剂分子的亲油端会覆盖在油污上,而其极性端则形成包围油污的亲水界面,这样的复合体就可以溶于水,于是布料上的油污就被清除了。

一杯水中插入一根细管,水沿细管上升,这是大家知道的"虹吸现象",当细管(虹吸管)上提离开水面,虹吸马上就会停止。但是,在一杯高分子流体,如聚异丁烯的汽油溶液(一种软物质)中,如果将细管慢慢地从杯中拔起,可以看到虽然管子已不再插在流体里,但是流体仍然源源不断地从杯子中抽出,继续流进管子,这种现象称为"无管虹吸"。在生产上,如有无管虹吸现象产生,表明该合成纤维具有可纺性,这对化纤生产具有重要的意义。

精益求精

热量和功都是传递的能量,曾经使用的热量单位"卡"与功的单位"焦耳"之间存在着的换算关系,就是热功当量。热功当量是由英国物理学家焦耳第一个测定的,从而得出了热是能的一种形式的结论。为了测定这个值,他反复做了 400 多次实验。

从 1840 年开始,焦耳多次进行通电导体发热的实验,发现通电导体产生的热量和电流强度的平方、导体的电阻及通电时间的乘积成正比,比楞次早一年得到了电流的热效应定律。更重要的是,焦耳根据他对电路中的热损耗和电动机所做的机械功的观察和分析,于 1841 年明确提出了功和热量等价性的概念。当时许多物理学家对测定热功当量持怀疑甚至反对态度,英国皇家学会也拒绝发表他的论文,焦耳却一直坚持实验。1843 年 8 月,焦耳让电磁体在处于磁场中的水里旋转,然后分别测量运动线圈中感应电流所产生的热量和维持电磁体旋转所做的功,从中他测得了第一个热功当量值:1 千卡(1 千卡 = 4 186.8 焦) 热量相当于 460 千克力米(1 千克力米 = 9.806 65 焦) 的机械功。1843 年末,焦耳通过摩擦作用测得热功当量是 424.9 千克力米 / 千卡,1844 年,他通过对压缩空气做功和空气温度升高的关系,测得热功当量是 443.8 千克力米 / 千卡。1847 年,焦耳精心设计了一个著名的热功当量测定装置,他用下降重物带动叶桨旋转,搅拌水或其他液体产生热量,这样测得的热功当量平均值是 428.9 千克力米 / 千卡。

从 1849—1878 年的 30 年间,焦耳又反复做了 400 多次实验,所得的热功当量值几乎都在 423.9 千克力米／千卡左右,这和后来公认值 427 千克力米／千卡相比,误差只有 0.7%。焦耳在当时的实验条件下,用惊人的耐心和巧夺天工的技巧,测得的热功当量值能够在几十年时间里不作较大的修正,这在物理学史上是空前的。当时英国著名物理学家威廉·汤姆生称赞说:"焦耳具有从观察到的极细微的效应中做出重大结论的胆识,具有从实验中逼出精度来的高度技巧,充分得到人们的赏识和钦佩。"

卫星的冷热病

卫星在太空中运行时,被太阳晒到的部分温度可高达一二百摄氏度,晒不到的地方却很冷,可冷到零下一二百摄氏度。地面上太阳晒得到的地方与晒不到的地方的温差至多相差几十摄氏度,在太空中为什么会相差几百摄氏度? 这是由于太空中没有空气,所以不存在由于空气对流所造成的气温调节作用。

在太空中,卫星表面太阳晒到和晒不到的部分有着高达几百摄氏度的温差,将使卫星上的仪器无法正常工作,为此,科学家们必须事先采取温控措施,以保持卫星有较恒定的"体温"。在地面上人们可以用空调机来制冷,或用电炉来加热,然而在太空中却行不通。因为卫星发射的费用十分昂贵,所以由卫星带上天的各种仪器的重量必须"斤斤计较"。为了调节卫星的"体温",把空调或电炉送上天显然是不合算的。通常科学家们采取一些被动的调温方法。例如,在

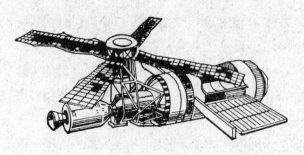

卫星表面涂上一层"温控涂层",以限制卫星受太阳暴晒时吸收过多的辐射热,同时又防止晒不到太阳的那部分向外辐射造成热量损失。也有把安放仪器的舱室做成像热水瓶胆那样的双层真空隔热舱,以保证舱内仪器有一个常温工作环境。

一旦卫星上的温控装置因意外事故而失灵,将给卫星带来灾难性后果。1973 年 5 月,美国的"天空实验室"发射 63 秒后,它的轨道工作舱外涂有隔热层的"微流星防护罩"因提前打开而损坏,结果使舱内温度剧升 55℃,仪器无法工作。最后,美国国家航空和航天局只好再赶制一副遮阳篷和一顶遮阳伞,并派航天员送上太空安装,这样才治好了"天空实验室"的"冷热病"。

示温涂料

快艇在高速航行时如果负荷超载过多,发动机会因过热而起火。大型设备里的电动机也有类似的情况。因此,必须时刻监视这些发热设备的"体温"。由于它们的表面积很大,不适宜用水银温度计、热电偶、辐射高温计等测量某一点或一个局部的测温计去测量温度分布,这时,示温涂料可以大显身手。

示温涂料是将热敏颜料搅拌在黏合剂中配制而成的。热敏颜料在一定的温度下会发生物理或化学变化，迅速、明显地改变原来的颜色，从而显示出它所附着的设备表面的温度情况。示温涂料大致可分为两种类型：一种叫可逆性示温涂料，当温度升高到一定数值时，它的颜色会变成另一种颜色；当温度降低后，又恢复到原来的颜色。另一种叫不可逆性示温涂料，它的涂膜热到一定温度发生变色后，即便温度降低，涂膜颜色也不会复原。

示温涂料在国防、工业生产上有广泛的应用。火箭升空后，各部分的温度是否正常，可以通过火箭外壳上的示温涂料反映出来。把它涂在飞机、轮船的运转部件上，可以当作过热警告指示剂。当然这些场合下的示温涂料都是可逆性的。有时在产品的研制阶段，要检测某个部件的最高温度是否超过某一数值时，可以用不可逆性示温涂料。一旦这个部件短时间的温度超过额定值，它也会被变了颜色且永不复原的不可逆性示温涂料"记录在案"了。

神奇的气凝胶

用什么材料能使房屋保温良好？德国科学家曾经造了一所小房间，表面用一种特殊的材料覆盖，在室内不用取暖器的条件下，当室外的气温为 −15℃时，室内温度可达到 20℃。什么材料如此神奇能使小房间升温 35℃？这种材料看上去像海绵，是由某种分子链构成的固体网络，网络中充满着由空气分子占据的空洞，由于具有海绵状的特殊结构，整块材料中有 99% 的空间是空气，即空洞率高达 99%，

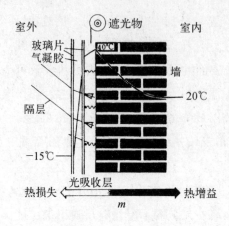

室外　　⊙遮光物　　室内
玻璃片　　40℃
气凝胶
　　　　　　　　　　墙
　　　　　　　　　－20℃
隔层
　－15℃
　　　　光吸收层
热损失　　　　　　　　热增益
　　　　　　m

但是空洞的大小却只有几十纳米,它既能让太阳光通过又能防止热辐射散失,于是,热量大量向墙内传导,使室内温度上升,也就是说空气分子被束缚在微小的网络中,运动受到了限制。这种神奇的保温材料是一种纳米多孔材料,名为"气凝胶"。

气凝胶是 20 世纪 80 年代才开始发展起来的新材料。气凝胶看起来像"丝瓜筋",它的热传导系数很小,甚至小于空气的热传导系数,因此具有良好的保温性能。这种材料的密度非常小,所以是一种优秀的轻质保温隔热材料。可用于民用,如房屋、冰箱、农用保温棚,更可以用于高科技产品和国防产品,如火箭、卫星等。同时它也是一种非常好的隔声材料,可用于各种对隔声要求比较高的场合。

量子液体

自然界中的气体,在温度降低后都可以变成液体与固体,唯独氦例外。常温下,氦呈气态,当它冷却到 4.2 开时,才变成液体。但是,在常压下即使把它冷却到无限接近绝对零度,它也永远不会变成固体。

当液氦温度降低到 2.17 开附近时,它的各种性质都有异常变化,这个温度称为"λ 点"。温度处于"λ 点"以上的液氦称为"He－I";

在"λ点"以下的液氦则称为"He-II"。

两位物理学家发现了一个奇怪现象，当液氦温度降低到 2.17 开以下时，He-II 会自动顺着器壁以膜的形式爬出来。经测量，氦膜的爬行速度竟达到 0.3 米／秒以上！

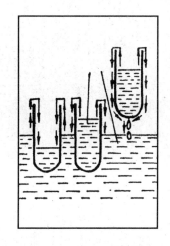

1937 年，苏联物理学家卡皮察设计了一个"狭缝实验"。他把两个光滑的玻璃盘子合成一宽度仅半微米的狭缝，让液氦在狭缝中流过。实验发现，在"λ点"以上，液氦几乎不能流过狭缝，当温度降到"λ点"以下时，液氦就能迅速通过。经测定，He-II 的黏滞系数竟小于氢气的万分之一。卡皮察因此指出，He-II 完全不具有黏滞性，并把这种现象称为"超流动性"。

超流动性完全超出经典流体力学的认识。当我们旋转一桶水时，桶中央的水会因为各层水之间的摩擦，而跟着边缘处的水一起旋转。但是，在旋转一个盛有超流体液氦的容器时，容器里的一部分液体并不一定都随着桶一起旋转。超流体的这种奇异特性，只有用量子理论解释才行。所以，超流体又叫"量子液体"。

沥青云反导弹

敌方的导弹袭来时，有三种反导弹方案：一种是"弹反弹"方案，

沥青云

用爆炸小型战术核武器的方法，摧毁对方来袭的大型战略核导弹。第二种是"激光反导弹"，利用强激光束在来袭导弹的要害部位上烧穿一个孔，破坏它的控制系统，使之操纵失灵。美国"星球大战"计划中的反导弹系统就建立在激光反导弹基础上。第三种方案称为"沥青云反导弹"，在来袭导弹必经的天空中，广撒小颗粒沥青，形成一片片沥青云。由于导弹飞行速度很高，从相对运动的角度来看，这也相当于沥青云的小颗粒以很高的速度撞击导弹外壳，这时动能瞬间就转化为热能，引起所谓的"热爆炸"。

"热爆炸"是指物质突然受到高温作用，在极短时间内急剧热膨胀而产生的爆炸。沥青很容易吸收热量，又很容易在空气中形成小颗粒，价格也便宜。因此，沥青云真可谓是"价廉物美"的新式反导弹武器。

头号元素

元素周期表的第一号元素——氢，真是又简单又不简单。说它简单是因为它由1个质子和1个电子组成，原子量为1.008，是所有元素中结构最简单、质量最轻的元素。说它不简单是因为迄今为止，

氢元素究竟是金属还是非金属仍有点搞不清。

习惯上，人们把氢元素当作非金属，因为不论是气态、液态还是固态的氢的结构里都没有自由电子，不能导电，都只能算是绝缘体。但是，周期表上与氢同族的锂、钠、钾、铷、铯等却都是金属，为什么偏偏氢不是金属呢？氢能变成金属吗？问题一经提出，引起了科学家的很大兴趣。

一般的气体在降温、加压后能变成液体，再对液体降温、加压便可使它变成固体。那么，继续对固体施加更高的压力（如10万兆帕），是否可改变其性质呢？经过高压物理试验，科学家发现足够的超高压可以使一些固态的绝缘体变成半导体或导体。例如，固态氢在 $-260℃$ 和 2.5 万～56 万兆帕下，可以变成金属氢。

金属氢具有许多与众不同的奇异特性，因此它具有广阔的应用前景。首先，金属氢是一种超导材料，一旦能大规模生产，将引起电力和电子工业的革命。其次，金属氢具有高密度、高贮能的特性。金属氢的密度约为 0.6 克／厘米 ^{3}，是液态氢的 9 倍，这使它成为一种较理想的火箭燃料。现在的多级火箭大多用液态氢作燃烧剂，但液态氢的密度太小，只有水的 1/15，这使得火箭要用很大部分容积来装燃料。如果用金属氢作燃料，火箭燃料箱的体积和重量都将大为减少，从而可使火箭获得比现在大得多的推进速度。

锡　瘟

1912 年，一支苏格兰探险队在南极过冬。他们带了大量煤油准备作燃料用,煤油都贮藏在铁皮罐里。但那年冬天南极气温特别低,达到 −40℃以下,铁皮罐上用白锡焊牢的焊缝突然开裂,煤油都漏光了,失去燃料的探险队因此而遭毁灭。

事后,人们根据探险队留下的日记对白锡进行研究,才得知纯粹的白锡在 −7～17℃时会转变成灰锡,灰锡很容易碎成粉末。而如果白锡不纯,只要有很少一点灰锡,它也会在 12℃以下像瘟疫一样传播开去,很快使白锡全都变成灰锡。因此,人们把白锡上出现的白斑(灰锡)称为"锡瘟"。

锡是一种多晶体,白锡变为灰锡实际上是晶体从一种相到另一种相的转变。这种相变对温度很敏感,在转变温度附近,如果外界条件有变化就会延缓这种转变。例如,黄硫应当在 95.5℃时转变为红硫,但若将黄硫快速加热,它就会跳过这一转变温度,直到 113℃时才转变为红硫。

从微观上看,晶体的相变实质上是晶体中原子排列方式发生了改变。通常情况下,晶体中的原子处于最密集的排列方式之中。要改变它们的排列方式绝非易事,只要外界条件稍有不同,原子的重新排列就难以实现。这就是晶体的相变对转变温度敏感的真正原因。

"记忆"合金

20 世纪 70 年代,材料中出现了一种具有"记忆"能力的合金。例如,一根螺旋状高温合金,经高温退火后,它的形状处于螺旋状态。在室温下,即使花很大力气把它强行拉直,但只要把它加热到一定的

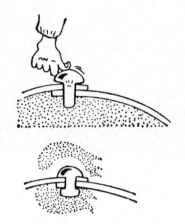

"变态温度"时,这根合金仿佛记起了什么似的,立即恢复到它原来的螺旋形态。这是怎么回事,难道合金也具有人那样的记忆力?

其实这只是利用某些合金在固态时其晶体结构随温度发生变化的规律而已。例如,镍-钛合金在 40℃以上和 40℃以下的晶体结构是不同的,当温度在 40℃上下变化时,合金就会收缩或膨胀,使形态发生变化。这里,40℃就是镍-钛合金的"变态温度"。每种合金都有自己的变态温度。上述那种高温合金的变态温度很高。在高温时它被做成螺旋状是处于稳定状态。在室温下把它强行拉直时,它却处于不稳定状态,因此,只要把它加热到变态温度,它就立即恢复到原来处于稳定状态的螺旋形状了。

至今,发现具有"记忆"能力的合金已达 80 种,有些已在某些领域获得实际应用。例如,通常的铆接必须从一边插入铆钉,在另一边用气锤将铆钉的头锤扁。但是,遇到封闭的容器或开口狭窄的容器,你根本无法深入到容器里去作业,这时可用"记忆合金"事先做成两头都是扁的铆钉,在低温下把一端的扁头硬压成插孔大小的圆柱状。铆接时,只要从低温箱中将铆钉取出,迅速插入被铆容器的插孔内,再把铆钉加热到变态温度以上,原先被压圆的一端便自动恢复成扁形,这样就把容器牢固地铆紧了。用记忆合金接合断骨也很有发展前途。用金属材料接合断骨时,必须把它的两端在插入接孔后再弯成钩形,以防脱落。这一过程与钉书钉将纸钉合在一起很相似。可是这种操作会给病人增加很多痛苦。有了记忆合金后这个难题就迎刃而解了。事先在室温下将合金板制成两端都是倒钩形的,在低温下将其拉直成Ⅱ形(就像钉书钉一样),再将冷冻的Ⅱ形合金接到断骨两端,合金受体温加热后立即恢复原状,从而把断骨牢牢接合在一起。

冷 脆

　　1954年冬天,英国3.2万吨的"世界协和"号油船,在爱尔兰寒风凛冽的海面上航行,突然船体中部发生断裂,船很快就沉没了。后来,又发生了几起类似的沉船事件。经研究发现,沉船是由于外界温度太低,金属材料变脆后断裂所致。由于这种材料的变脆现象是在低温下产生的,所以称为"冷脆"。

　　随着温度的升高或降低,物质的某些机械性质会发生变化。在常温下,金属材料中原子的结合较疏松,因此弹性较好,这意味着金属能吸收较多的受外力冲击所产生的能量;在低温下,原子结合得较紧密,由于弹性差,只能吸收极少的外来能量,所以,低温下的材料容易脆断。在物理上,把使材料发生脆化的温度叫作"临界脆化温度"。不同的材料,临界脆化温度也不相同。

　　利用脆化现象,人们发明了"低温粉碎技术"。例如,用低温来粉碎废钢铁。我们知道,炼钢时,要大量使用废钢,电炉炼钢时,废钢占原料总量的

60%～80%。废钢在投入冶炼前,先要进行破碎,以加快熔化速度。由于废钢的尺寸、厚薄、轻重相差悬殊,所以废钢的粉碎一直是个难题。传统的电弧切割法,速度慢,效率低。采用低温粉碎技术,将废钢浸泡在液氮(-196℃)中,或用气氮冷却(-100℃)后,废钢就变得像玻璃那样易碎。当然,使用低温粉碎时,一定要使粉碎温度低于待粉碎材料的临界脆化温度。

量变到质变

近代化学揭示出物质的基石——分子,原来是由更细小的原子所组成的。自然界中原子的种类很有限,迄今只有 100 种左右,但是,就是这 100 种左右的原子的不同组合却能构成数以百万计的不同的分子。即便分子的组成相同,由于构成这些分子的原子数量的增减,也会引起性质上的显著变化,从量变到质变的规律在这里表现得十分明显。

常温下,甲烷(CH_4)是一种气态有机物质,分子量为 16,该分子不大。假如在它上面再增加一个碳原子和两个氢原子,就变成乙烷(C_2H_6)分子了。它的分子量是 30,比甲烷大了些,但在常温下也是气态。不过后者的液化温度比前者高一些,因此在性质上已有所不同了。

如果在乙烷分子上再增加三个亚甲基,就成了戊烷(C_5H_{12}),分子量为 72。由于分子链变长了,常温下就凝结为液体。

倘若让亚甲基再增加下去,一直到 $C_{18}H_{38}$,分子量为 254,这就是常见的石蜡烃了。它的分子比前几种都大、都重，因此常温下石蜡已经是固体了。当然，由于石蜡烃分子相互的距离还不是很近，相互间的作用力不算大，所以名为"固体"的石蜡只能算是"软物质"。

如果分子增加到 $C_{50}H_{102}$，分子就更大了。软固体石蜡变成硬固体的硬蜡。不过，由于分子量仍不够大，分子链也较强，所以，硬蜡表现出脆性，强度较低。

如果分子量继续增大，达到 $C_{100}H_{202}$ 或更多时，材料已具备明显的硬度，而且开始由脆弱变为比较坚韧。它就是目前工业生产中的各种聚乙烯的雏形了。工业上的聚乙烯分子链比 $C_{100}H_{202}$ 还要长，分子量高达几万乃至几十万，因而显得更坚韧和富于弹性。近年来出现所谓超高分子量聚乙烯，它的分子量高达百万之多。可以推测它是一种更为强韧的塑料。

像塑料的合金

谁都知道，金属比塑料坚固，金属的加工成型也没有塑料那么容易。例如，用冲压法把铝材加工成长筒形容器，在冲压成型后会出现"耳朵形"的缺口。为了使它达到设计要求，必须再进行几道工序的机械加工，这就大大增加了成本。有什么东西既有金属的坚固性，又有塑料的可塑性呢？科学家终于发现了在一定温度下呈现超塑性的合金。

金属材料或多或少都有些塑性。通常用延伸率来表示其塑性，即用金属材料在拉断时的增长量同原来长度之比的百分率来表示。一般黑色金属的延伸率为40%左右，有色金属也不超过60%。而具有超塑性能的合金，在一定温度下一般都能达到100%以上，有的甚至达到1000%～2000%。例如，一种锌-铜-铝合金板材，在慢速弯曲时，即使弯到180°，即将板材弯到两面重叠的程度也不会断裂。

现在已经知道的合金超塑性有两大类：一种称为"微细晶粒超塑性"；另一种称为"相变超塑性"。无论哪一种超塑性都必须在一定的变形度和一定的变形速度下才会产生。例如，锡-铋共晶合金在20℃时的最大延伸率可达1950%，普通的低合金钢在800～900℃时也可达400%。

利用合金的超塑性可以轻而易举地像塑料一样地进行零件的成型加工。例如，冲压加工长筒形容器时，用一般金属进行一次深冲成型，所获得的最大筒深(H)和直径(d)之比约为0.75，而用超塑合金成型时H/d可达11，为普通金属的14倍多，而且冲出的长筒容器不会出现耳朵状缺陷(见图)。它的制成品的显微组织均匀致密，各个方向的机械强度和抗疲劳性能都很好。最大的优点是可以大大节约

金属材料。例如，生产一只68千克的镍盘燃气机盘，用通常的锻造加工，所需的坯锭重达204千克，而用超塑合金锻造，坯锭只要72.5千克就足够了，每只可节约材料130千克以上。

有用的气泡

在工业生产中,为了保障安全,严格规定金属零部件中不许有气泡。但是,有些场合中却把金属中的气泡作为优点,还特地生产出各种多孔金属(也称"气泡金属")的零件来,以满足某些特殊需要。

所谓多孔金属是指金属里有许多很小很小的气泡,切开这种金属,在断面上呈现出许多微细的小孔。人们利用这种小孔来改进金属的热传导性能。例如,火箭发动机的燃烧室要经受很高的温度,为了改进它的热传导性能,可以在它的外壁涂上一层多孔镀层,并通入冷却介质。通过在无数微孔里的冷却介质的循环带走热量,可以使燃烧室的温度从 2 000℃降低到 800℃。

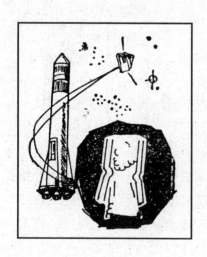

火箭的喷嘴是整个火箭最热的地方,它在工作时的温度接近于钨的熔点(3 414℃),为了使火箭喷嘴迅速降温,现已生产出钨做的多孔金属,它的微孔内渗入低熔点的金属铜或银。在火箭工作时的高温作用下,铜或银首先在钨做的多孔骨架中熔化成液体,然后沸腾

并蒸发出来，专家们称之为"发汗"。经过"发汗"，大量热量被吸收后带走，使火箭喷嘴迅速降温。

一个"过失"导致的重要发明

玻璃是一种硬而脆的非晶态固体。一般由石英、砂、石灰石、纯碱等原料混合，在高温下熔化、成型、冷却而制成的。

随着玻璃的普及，人们都期待着要是有一种打不碎的玻璃就好了。20世纪50年代初，一位美国科学家在实验室做玻璃热处理试验，他本想把样品加热到600℃，于是他把加热炉的温度控制仪调整到600℃，开启炉子后，由于有事暂时离开了实验室。等他回来一看，却傻眼了，温度控制仪失灵了，炉内温度已上升到900℃。他以为这一下糟透了，不仅实验失败，而且样品熔化，炉子也可能被破坏。但是，他打开炉子后不禁大喜过望，样品不但没有熔化，而且面目皆非，成了一块硬邦邦的不透明的像瓷砖一样的固体。他没有把它当作废物扔掉，而是放在显微镜下作了仔细的观察，他发现这块玻璃中含有大量的微小晶粒。这就是现在十分有名的"微晶玻璃"。微晶玻璃强度高、硬度大、热膨胀系数小，不仅可用做许多重要仪器设备的材料，而且可用于火箭、人造卫星以及机械工业的材料，也可用于家用器皿。正所谓一个"过失"居然导致了一项重要的发明。

铁 板 烧

吃过"铁板烧"的人都看到过生牛肉丝倒在滚烫的铁板上"哧""哧"作响的情景,但是几乎没有人想到这里面还有什么学问可以研究。不过,二百多年前德国物理学家莱顿弗罗斯特倒是对类似的现象进行过一番研究,1756 年他发表一篇论文论述了水滴在高温表面所发生的奇怪现象。

拿一只铁勺子在炉火上烧红,将小水滴落到勺子里会发生什么现象? 根据日常经验人们都会这样回答:小水滴落到铁勺表面就立即被汽化了,表面温度越高水滴被汽化得越快。可是,莱顿弗罗斯特仔细观察了这个过程,发现实际情况并非如此。当第一滴小水滴落到铁勺表面时,它的汽化过程竟然长达 30 秒,而第二滴的汽化只延续 10 秒,以后落下去的水滴只保留 1～2 秒就被汽化了。究竟是什么原因造成这种"莱顿弗罗斯特现象"? 这位物理学家当时也给不出解释。而且,他的德语论文发表后长期不为人们所重视,直到 1956 年论文翻译成英文后,才引起众多业余科学家的兴趣。1978 年,一位美国中学生罗克萨尔,以《当液滴落到灼热表面弹起时发生的莱顿弗罗斯特现象的理论》的论文,获得了美国第 37 届科学人才选拔赛第八名。

经过罗克萨尔等人的研究,现在对"莱顿弗罗斯特现象"是这样解释的:当第一滴小水滴落到灼热金属表面时,由于弹性作用它会向上反弹,同时在接触高温表面的一瞬间,水滴表面一薄层被迅速汽化,形成了一个厚约0.1毫米的蒸气层。这层蒸气一方面支持住小水滴,使之悬浮在金属板上,另一方面又起了绝热作用,使金属表面的热量不能很快传递给水滴,从而延缓了整个水滴的汽化过程。当第二滴水滴落到金属表面时,由于自然冷却和第一滴水的冷却作用,表面温度已没有最初时那么高了,所以,第二滴水滴表面的水蒸气层就没有那么厚。水蒸气的导热性能比水要差很多,因此水蒸气层的厚薄对水滴的汽化影响很大。第二滴水表面的水蒸气层较薄,所以它的汽化过程就加快了。以后落下去的水滴表面的水蒸气层一个比一个薄,所以它们的汽化过程一个比一个快。

有功之臣还是罪魁祸首

　　人类文明发展的一大动力是含碳的化石能源(煤、石油、天然气等)的大量使用。煤、石油等在燃烧时,与空气中的氧产生剧烈的化合作用,形成二氧化碳并发出热和光。地球上的氧的质量占地球总质量的近50%,碳元素虽然只占地壳总质量的0.09%,分布却相当广泛,地球表面到处都有二氧化碳。二氧化碳分子能吸收太阳光中的红外辐射,还可以吸收地面向外反射的太阳光中的红外辐射,以及地面和某些物体(动物体表、电热器件等)所辐射的红外辐射。二氧化碳吸收热辐射,使热量不至于流向地球外面的宇宙空间最后消失,相当于给地球盖了一床棉被保温,所以人们形象地把二氧化碳这类能为地球保温的气体称为"大气保温气体"(俗称"温室气体")。

正是大气保温效应使地球有了一个适宜于人类居住的温度条件。据估计,如果大气中没有二氧化碳,地表温度将比现在的低30～40℃。如此低的温度,地球生命难以生存。

然而,二氧化碳太多了也不行。近百年来随着全球工业化的迅速发展,化石能源的大量消耗使大气中的二氧化碳含量不断增加。大气中二氧化碳的含量从工业化前期的 280×10^{-6}(二氧化碳与空气体积比)飙升到目前的 387×10^{-6}。曾有一个权威研究小组把安全界限设定为 350×10^{-6}。事实上,早在 1995 年,大气中二氧化碳的含量已经超过 360×10^{-6},那时就已经超过了安全界限。

计算机模拟表明,过去一个世纪全球地面温度约升高了1℃,科学家预言,如果二氧化碳的含量比工业化前增加一倍,那么地面温度将再升高1～3.5℃。

全球变暖将导致海水升温膨胀、两极冰雪融化、海面上升等严重后果。使得沿海土地大面积被淹没;气候变得更加恶劣,干旱、洪水、暴风、飓风、酷热等气象灾害频频出现;一些物种灭绝、传染病增多、森林和草原火灾增加;土壤盐碱化、沼泽化、沙漠化日趋严重……全球变暖的原因很复杂,但毋庸置疑的是,二氧化碳排放量的递增的确起了推波助澜的作用。因此,近年来,控制和减少二氧化碳排放量已成为重要的全球性环保措施。

地球在"漏气"

在地球表面的物体飞离地球的"逃逸速度"是 11.2 千米／秒,

这意味着任何地球上的物体,如果以 11.2 千米／秒的初速度向上运动,就能脱离地球的影响而飞出去。这对大到火箭、小到分子的任何物体都适用。

在室温下,大气中的氧分子的平均速度是 0.5 千米／秒,氢分子的平均速度是氧的 4 倍。在大气中,运动速度超过 11.2 千米／秒(逃逸速度)的气体分子,只占一个极小极小的百分比。而且,即使能达到这样高的速度,这些分子在大气的低层也是不可能逃逸的,因为在低层大气中分子间的碰撞机会很多,这些"高速分子"在同速度较慢的近邻分子碰撞后,运动速度就会慢下来。

然而,在高层大气中情况就不同了。首先,那里强烈的太阳辐射会把大气分子中很大一部分激发到极高的能量和很大的速度。其次,在高层稀薄空气中,分子间碰撞的概率大大减小,分子的平均自由程大为增加。在 220 千米的高空,大气分子的平均自由程竟达到 1 000 米!在那里,分子每秒平均碰撞次数只有一次,而在海面上每秒却要碰撞 50 亿次。因此,在高层大气中分子的逃逸可能性很大。

大气分子逃离地球,这意味着大气层在"漏气"。但"漏"出去的主要是最轻的氢分子,由于氧分子和氮分子相对较重,而在给定温度下,每一种分子的平均速度与它们的分子量的平方根成反比,所以氧分子和氮分子只有很少一部分能达到逃逸速度。这就是今天的大气中氧和氮占的比例最大的原因。而氢和氦等轻元素,由于它们的气态分子较容易逃离地球,造成今天的大气层中氢和氦的含量所剩无几,尤其是氦,它已成为"稀有气体"。

宇宙的温度

　　过去，人们一直以为宇宙空间的温度是绝对零度。这个观点在1964年遇到了挑战。这一年，美国贝尔电话实验室的两位科学家彭齐亚斯和威尔逊利用一架羊角形的卫星通信天线，来测量天空中各种原因造成的噪声。测量中他们发现，天空中存在一种消除不掉的背景噪声，按照通用的计算办法，这些噪声的温度近于3.5开。它是什么原因造成的？这两位科学家无法解释。

　　后来，他们与普林斯顿大学的迪克教授领导的研究小组进行了联系。后者正在深入研究物理学家伽莫夫于1946年提出的"宇宙大爆炸"理论。这一理论认为宇宙起源于一个原始火球的大爆炸，大爆炸之后原始火球碎成"粉末"，后来这些"粉末"又聚集而形成了今天的星球和星系。迪克等人认为，原始火球大爆炸后除了炸成"粉末"外，还有一种遗迹：辐射。譬如，一只烧红了的煤球不小心掉在地上，这煤球除了碎成大大小小的碎片和"粉末"以外，它的热辐射还会使周围的空间热上一阵子，再渐渐冷下去。原始火球遗留下来的这种辐射同样经历了从热变冷的过程，在这一过程中辐射的波长逐渐变长，最后变成微波辐射，而且强度也逐渐减弱，最后只有几开的温度。

彭齐亚斯（左）和威尔逊

迪克等人作出这项预言时，并不知道彭齐亚斯和威尔逊两人的工作。他们决定自己制造一架灵敏的天线，来搜寻原始火球的残留辐射。没想到这架天线还没开始工作，彭齐亚斯和威尔逊两人已经得到了结果，而这正是迪克等人所要找的结果，这令他们

喜出望外。由于这种辐射均匀分布在整个宇宙空间，所以人们称之为"宇宙背景辐射"。从此之后，人们再也不认为宇宙空间是绝对零度的"冰凉世界"了。

"绝对"在哪里

人们标定和使用的各种计量标准中的零点，有时是可以任意选取的，例如，经度零度是任意确定的。温度的零点也是一样。在摄氏温标中，将冰的熔点取作零摄氏度；而在华氏温标中，零华氏度则处于冰的熔点以下。这两种温标中，温度都可以低于"零度"。18世纪末的时候，人们开始觉得热是无尽头的，但冷似乎是有极限的。既然冷有尽头，那么，这个尽头就是一种不可超越的"零度"，于是，开尔文引进了"热力学温标"。热力学温标中的"零度"是不可超越的，因而叫作"绝对零度"。这是"绝对"二字的一种物理含义。

1787年法国物理学家查理发现，理想气体每冷却1℃，其体积就

缩小它处于0℃时体积的1/273,这就是著名的查理定律。如果理想气体被冷却的过程一直继续下去,那么它的温度降到-273℃时,气体的体积岂非缩小到"零"了? 在物理上,体积为零意味着气体完全消失了,这当然是不会发生的。这是"绝对"的第二种含义。实际情况是,当气体冷却到一定温度后它总是先变为液体,然后又在更低的温度下变为固体。

英国物理学家开尔文把温度作为物质分子运动速度的一种表述方式,物质越冷其中的分子运动就越慢,直至冷到-273.15℃时它的分子完全不运动为止。分子运动中最最慢的就是完全不运动,因此也不会有比它更低的温度。于是-273.16℃这个温度便是一种真正的"零度"。这就是"绝对"的第三层含义。

电与磁探秘

Dianyucitanmi

修道士们的表演

　　18 世纪时,人们对静电现象已有深入的观察和研究,当时用摩擦起电的方法使实验对象带电,实验对象带电的时间不长,很容易在空气中消失。1745 年,荷兰莱顿市的物理学家米森布鲁克试图寻找一种保存电的办法。他手拿一只玻璃瓶,给瓶中的水带电,当他的手接触到浸在水中的金属丝时,手臂和胸部都感觉到强烈的电击。这就使他发明了一种贮存电的有效方式,后来把这种贮存电的装置称为"莱顿瓶"。

　　莱顿瓶是以玻璃瓶为电介质的一种电容器。其构造为一玻璃瓶,内外各贴有金属箔作为极板,另有一金属棒从瓶栓插入,上端附一金属球,下端附金属链,使与内层金属箔接触,用以使之带电或放电。这种电容器的电容量很小,但所能承受的电压却很高。莱顿瓶的发明为电学的深入研究提供了有利条件,并对电学知识的传播起了重要作用。

　　莱顿瓶及其电学实验还被一部分人用来表演,法国的诺莱就是这样的人。他先在自己身上重复了莱顿瓶的实验,后来就为法国国王路易十五表演。第一次,他让 180 名看守成一字形横排队伍,然后使放电电流传过了每个人。第二次,他在巴黎大教堂前,在王室成员面前,令 700 名修道士手拉手地排成长达 274 米的队伍。一端的人接触带电的莱顿瓶的外部,当另一端的人接触到莱顿瓶的另一极时,700 名修道士全都因为电击而跳了起来。这个当时最为壮观的演示实验令人信服地看到了电的威力，当然也让国王和王室成员们开怀大笑。

风筝实验

1752 年一个阴云密布的夏日，暴风雨即将来临。美国科学家本杰明·富兰克林和他的儿子威廉用一块白色丝绸帕做成一只风筝，在它的十字形骨架上装上金属丝，以便用来吸取"天电"。父子俩带着风筝和一只莱顿瓶来到野外，期待着雷雨早些降临。一会儿，狂风挟着一团团乌云扑面而来，雷声也越来越近。富兰克林父子此时把风筝升到空中。紧接着大雨倾盆，雷电交加。富兰克林手握风筝线，拉着儿子躲进一所房子里，这时他们的外衣已湿透了。富兰克林掏出一把铜钥匙，系在风筝线的末端。只见风筝穿进带有雷电的云层，闪电在风筝上闪烁。雷轰鸣着，十分钟过去后，突然一道闪电掠过，风筝线上有一小段直立起来，似乎被一只看不见的手拉直了。富兰克林觉得手中有麻木的感觉，他把手指靠近铜钥匙，顷刻之间，钥匙上冒出一串电火花。富兰克林惊叫一声，迅速把手抽了回来。他对儿子喊了起来："威廉！我受到电击了！但我们终于证明了闪电就是电！"

富兰克林的风筝实验证实了天上的雷电与地面上用摩擦起电等方法产生的"电"是同样的东西。这一发现具有划时代意义，它使人们对电的认识进一步深化了。

需要指出，富兰克林的实验是非常危险的，幸运的是这次传下来的闪电比较弱,所以他没有真正受伤。但是别人可没有这么幸运了。1753年7月,就在富兰克林风筝实验整整一年之后,俄国电学家李赫曼也在雷雨天做"天电"实验,不幸被引下的闪电击中前额,当场死亡。还有其他许多不幸的例子。所有这一切都说明,科学的进步是全人类不怕艰辛、前赴后继、勇于探索的结果。

静电杀手

摩擦能产生静电,一般情况下,这种静电是不会置人于死地的。但是,在某些特殊环境里,静电产生的火花却会酿成惨剧。

1979年底,中国西北某工厂为了清除试验车间地面上的油垢,用60千克汽油浸木屑,洒在地面上进行清扫。十几位女工蹲在地上擦地板,其中有位女工穿着涤纶衣服,当她擦到一根金属管附近时,她的身体突然对金属管放电,所产生的电火花引起了汽油与空气中氧的混合气体爆炸起火,最后酿成一场大火,在场工作的十几个人非死即伤。为什么会酿成这场惨剧? 原来,那位女工在擦地板时,身上的涤纶衣服因不断活动而摩擦带电,人身上带有高压静电,靠近金属管子时就容易放电。加上洒在地面的汽油很容易挥发,汽油蒸气的浓度很大,与空气中的氧气一混合就生成了易爆的混合气体。

这场惨剧告诉我们,在易燃、易爆的环境中工作的人,要特别注意静电会引起的灾害,其中最主要的是防止衣服因摩擦而产生静电。

为了防止这类由静电引起的事故,有关安全部门测量到一些数据,它们对地面作为零电位分别为:

脱毛线衫裤时能产生正电高压 15 千伏，

脱纯涤纶裤时能产生负电高压 7 千伏，

脱腈纶线裤时能产生负电高压 15 千伏，

从毛衣外脱去尼龙工作服时能产生负电高压 3～10 千伏，

穿混纺工作服的人从人造革椅子上起立时能产生正电高压近万伏。

飞机也会遭雷击

地面物体遭雷击是常见的事，飞在空中的飞机会不会遭受雷击呢？飞机被雷电击中，甚至被击坏的事例也不少。据美国联邦航空局统计，喷气式民航机在每 5 000～10 000 小时的飞行中会遭一次雷击。1964 年，一架波音 727 型飞机在芝加哥机场上空着陆盘旋时，在 20 分钟内被雷电击中 5 次。1965—1966 年的两年间，美国联邦航空局收到了大约 1 000 份关于飞机遭受雷击的报告。1987 年 1 月，

美国国防部部长温伯格的座机在华盛顿附近的空军基地上空飞行时也挨了雷击，十几千克重的天线罩被雷电击掉。

飞机在高空飞行时，除了会被直接击向地面的"地面闪电"击中外，也可能遭受云之间或云内的闪电的袭击。雷

击大多击在机身的突出部位,如机头、机尾、翼端等处。飞机被雷电击中后,一般都能继续飞行。因为它的机身外壳基本为金属所制,具有屏蔽作用,闪电很少能击穿它。通常,雷电可能在机身灼成斑痕,有时也能烧成直径1～2厘米的洞。雷电对飞机的主要威胁是使燃料系统着火,或使电气控制系统失灵。此外,强烈的闪电会蒙蔽驾驶员的眼睛,使其失去对飞机的控制能力。特别在起飞和降落时,这种情况更加危险。

海洋电流与鱼群洄游

纯水是不导电的,可是水里一旦有了盐分,就变成电解质,电流就可以通过了,而且盐越多,水的导电性越好。海水是含有高盐分的溶液,由于海水在流动,地球又是一个大磁场,这很像一根导线在磁场中运动,不就产生感应电流了吗?确是如此,海洋中确实有一个天然运动着的电流。海洋电流的发现,解开了不少自然之谜,鱼群洄游就是其中之一。

过去认为鱼群的洄游主要是海水的温度以及海流的作用。实验表明,有些鱼类对温度并不敏感,但对电非常敏感。例如,巴伦支海中所观察到的鲱鱼,只要存在0.5～1伏每千米的电位差,它们就会向高电位方向游动。据巴伦支海的大港摩尔曼斯克的统计,它的沿岸捕鱼量与近海里的天然电流的电位差变化密切相关,在海洋电流的电位差显著增大然后又保持在较高值的日子里,鱼的捕获量显著增加,因为鱼向着高电位方向游过来,然后就待在这较高值的地方不走了。

另外，根据连续 20 多年的统计，在里海、黑海、亚速海，鲱鱼的捕获量每 11 年有一个从大到小变化的周期，这个周期与太阳黑子的爆发周期正好吻合。根据天文学家的解释，太阳黑子爆发会引发地球上的磁暴，而磁暴的出现会使海洋中感应更大的电流，从而把鲱鱼吸引过来，造成鱼的捕获量大增。

谁发明了无线电

德国物理学家赫兹发现电磁波后不到十年，意大利工程师马可尼和俄国科学家波波夫几乎同时实现了无线电通信。

1895 年 5 月 7 日波波夫制成了一架无线电接收机——雷电指示器，1896 年 3 月 24 日又实现了距离约为 250 米的无线电通信，成功地传送了世界上第一封有实际内容的无线电报，标志着无线电技术的诞生。可悲的是，这项重大发明并未引起俄国政府的重视，波波夫的发明长时间被搁置。

1894 年，刚从大学毕业的马可尼也开始利用电磁波的传送来实现无线电通信。比起波波夫来，他幸运得多。他在制成无线电接收装置后，就得到英国邮电总局的支持。尽管他起步比波波夫晚，但他得到资金支持，因此在无线电通信的实用技术方面，马可尼很快就遥遥领先于波波夫。

1897 年冬，马可尼成功地将无线电传送用于商业后还进行了体育实况报道。1898 年他又把通信距离增大到 100 多千米（而那时波波夫的无线电传送距离只有 40 千米），马可尼的成功使各国政府竞相投资,邀请他建造无线电收发设备,于是无线电通信开始走向全球。

这时,对波波夫的发明漠然置之的俄国政府一反常态,宣布波波夫是首先发明并使用无线电技术的,这激起了英国等西方国家的不满,成立了专门委员会来争夺这一荣誉的归属。

1905年5月4日,在美国进行了关于无线电发明权的诉讼,最后,法庭把无线电发明权判给了马可尼,于是,年仅35岁的马可尼荣获了1909年的诺贝尔物理学奖。

交流电大战直流电

电灯是美国著名发明家爱迪生发明的,不过,那时候的电灯是用直流电作为电源的。直流电照明系统直接将电流从发电机输向客户,不再从客户流回发电机。这种输电方式只能把电压局限在250伏之内,超过这一标准就会烧毁电灯的灯丝,危及用户安全。同时,由于受到升高电压的限制,长途输电就会造成巨大浪费。直流供电系统的这一缺点,在早期的供电系统中不是特别明显,因为当时的电厂就建在人口密集地区。后来,随着用电的普及,那些远离发电厂、居住在人口稀疏地区的用户也要求供电,于是,直流供电系统无法远距离供电的缺点逐渐显露出来。

相比之下,当时还未普及的交流供电方式,在输电方面显示出巨大的优越性。因为交流电压通过变压器很容易升高,有利于远距离输电。然后在输入用户或工厂之前,再利用变压器把电压降下来,以适应用户的安全要求。

交流发电机是由爱迪生的竞争对手、发明家特斯拉发明的。这种发电机简单、灵巧。而特斯拉早先发明的变压器又能解决长途输电中的电压升降问题,再加上特斯拉又得到美国工业家威斯汀豪斯的支持,因此,交流供电系统的发展势头强劲。这样一来,交流电、直流电供电系统的双方展开了激烈竞争,几乎不择手段:有人用交流电把马路上的小狗小猫这些小动物电死,一座监狱的牢头用交流电通到电椅上把一名杀人犯处死。这样一来,在许多人心目中,交流电一度成了死神的同义词。

但是,交流电一方所受的挫折只是暂时的,在几年时间里,它逐步占领了市场。特别是1895年,威斯汀豪斯公司在尼亚加拉大瀑布上建立了交流发电站,这在当时是一项了不起的成就,从而使交流供电系统取得了决定性胜利。

不要忘记接地

洗衣机的种类很多,但它们都离不开电动机和电气控制线路。洗衣机在使用时,要接触大量的自来水,工作环境比较潮湿。水是导体,人体触及带电的水,就会立刻发生触电事故。如果洗衣机内的电动机或电气线路因为受潮或其他原因使它们的绝缘性能降低,发生漏电,就会造成洗衣机外壳的金属部分迅速带电,也会使洗衣机中的金属洗衣槽和各种金属传动、搅拌、翻滚等机件都迅速带电。这时候,洗衣槽中的水也就带电了。要是使用者的手浸入洗衣槽,接触到其中的水，或者碰到洗衣机的金属外壳，就可能触电而有生命危险。

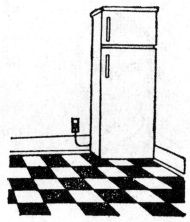

洗衣机上接好地线后，万一发生漏电，即使我们触及，也会安然无恙。因为电有个特性，它专门拣电阻小的通道走。与人体的电阻相比较，接地线的电阻要小得多，电也就自然地从电阻小的接地线中走了。

为了接地线真正起到作用，要求接地线与大地接触良好，接地电阻不得大于 0.2 欧。一般家庭中，可以用导线把洗衣机的金属外壳与自来水管连接起来。选择的自来水管必须有一部分埋在地下。

电冰箱与洗衣机一样，也是一种常接触水或者冰霜、工作环境比较潮湿的家用电器。电冰箱中的压缩机和电气控制线路也有可能发生漏电，使冰箱外壳的金属部分带上电。因此，为了预防万一，冰箱的金属外壳也一定要妥善地接好地线。

神秘的太空电波

1928 年，大学刚毕业的央斯基来到贝尔电话实验室工作。当时，贝尔电话公司刚安装了横跨大西洋的短波无线电通信线路。央斯基的任务就是研究短波通信中的各项干扰因素。当时对 30 米波长以

上的无线电波已有了较细致的研究,而对 1.5～15 米波长范围内的短波则还没有作过系统研究。为了进行这项研究,央斯基建造了专门的天线和接收器,接收器的工作波长是 14.6 米。在研究过程中,他发现一种来源不明但带有"嗞嗞"声的天电,并发现它的方向似乎同太阳相关。

本来,央斯基的工作可以到此为止,因为影响通信的主要干扰都已查明,而这种嗞嗞声的天电对实际的无线电通信又几乎没有什么影响,通信工程师又何必去为它操心呢?但是,央斯基没有放过这微弱的电波,他继续积累资料,发现它并不完全同太阳运动相一致,而是每天都要提前 4 分钟。央斯基曾向一位好朋友学过一些天文学的基础知识,他知道恒星时的周期比太阳时要短 4 分钟,因此,央斯基认识到,嗞嗞的噪声可能来自太阳系外的某个恒星,它是随恒星时而改变的。经过一年的监测,央斯基终于断定太阳系外的某些恒星能发射无线电波。他同时给出了这个固定无线电源在太空中的坐标,指出它与银河系中心相近。

央斯基的发现是天文学史上的一次大革命,过去人类认识宇宙主要是通过可见光这个"窗口",但是对于那些不发可见光的"暗天体"就没法认识了。现在,无线电波段(又叫"射电")的"窗口"被打开了,它给人类带来那些只发射无线电波的天体的丰富信息,大大加深了人类对宇宙的认识。

灵敏极了

英国剑桥射电天文台曾举办过一个小型展览会,参观者被邀请到一张桌子面前,上面放着一叠整齐的白纸片,主持者让每人拿一张。人们被弄得莫名其妙。把手中的白纸翻过来一看,才恍然大悟。原来纸背面写着:你可知道,当你从桌上拿起这张纸片时,所付出的能量比全世界全部的射电望远镜在其全部历史中所接受的能量还要大!这话一点也没有言过其实。它形象地说明了射电望远镜是多么灵敏的仪器,而射电天文学研究又是多么精细和艰巨的工作。事实上目前的射电望远镜可以测出小到 10^{-29} 瓦/(米^2·赫)的射电流量密度,它确实可以称得上是人类所建造的最灵敏的仪器之一。

射电望远镜的天线一般做成抛物反射面,或者用金属拼成,或者用金属线织成网状。由于不像光学望远镜那么精细,所以它可以做得很大。现在世界上最大口径的射电望远镜是坐落在中国贵州的 500 米口径球面射电望远镜,又称“中国天眼”,它于 2016 年 9 月落成启用,可以用于从宇宙起源

到星际物质结构的探讨,脉冲星、地外理性生命的搜索,深空探测的地面跟踪与遥控等。

永电和永磁

自然界有永久磁铁,人们很自然会联想,有没有一种永久带电的物质呢? 英国物理学家法拉第就认为世界上有"永电体"这种物质存在。不过人们一直没有找到这种物质。

1919 年,日本科学家把融化的蜂蜡、树脂等不导电物质放在电容器中,加上强电场使之极化,并让它在电场中冷却凝固。这样,原来不导电的蜂蜡、树脂的表面就会带电,即使以后不再外加电场,它表面的电荷仍会长时间滞留下来,经久不变,成了"永电体"。日本制成的世界上第一块永电体在博物馆里放了 45 年之久,它的电荷量经测量只减少约五分之一。

永电体由于所带的电荷能长久驻扎在不导电体的表面,所以人们又叫它"驻极体"。驻极体与永磁体有着许多类似的性质:(1) 把一根条形磁体折成两段,每段都具有南北两极;把一个驻极体分割开来,每一部分的表面也都带着正、负电荷。(2) 要长久保持永久磁铁的磁性,应当用一块软铁把它的两个磁极连接起来,使磁路闭合;要想把驻极体的电荷保存得更长久,也要用一根导线把两极短路连接。

驻极体由于具有能长期保持其极化强度的特性,被用作制造驻极体传声器、驻极体扬声器、驻极体电话等电声器件,这些用驻极体制造的器件使用寿命长、体积小、质量轻,很有发展前途。

"磁"字的起源

2 000多年前古代中国人就发现了磁现象,并加以应用。根据史书记载,中国东汉以前都把磁石写成"慈石"。战国末期不但知道磁石有吸铁、指南的特性,而且还利用天然磁石造出了原始的指南工具——司南。司南是由一把磁勺和一个平滑的铜盘组成,铜盘上刻有 24 个方位,勺子可以在盘上自由转动,勺柄的一头常指南,另一头则常指北。

英语中"磁铁"一词为 magnet,据说是由古希腊思想家、小亚细亚城邦米利都的泰勒斯取名的,他从另一座小亚细亚城邦马格尼西亚(Magnesia)获得了一些能吸铁的黑色矿物,于是就把它们取名为"马格尼斯"(magnes),这就是我们今天所用的"magnet"一词的由来,而那种矿物如今则称为"马格尼泰特"(magnetite),即磁铁矿。

"探险者"的发现

1958 年 1 月 31 日美国发射了"探险者"1 号卫星,目的是测量高层大气和地球附近宇宙空间中的辐射,特别是宇宙线的强度。地球的大气像是穿在地球身上的一件外套,它保护着地球上的生命不受来自宇宙的各种辐射的伤害。科学家猜测在大气屏障之外,这种辐射一定比较强烈。"探险者"1号的计数器,在几百千米以上的高空测出的粒子浓度与人们估计的差不多,但是,当它到达2520千米的高度时,所得到的计数几乎为零。同年3月26日发射的"探险者"3号卫星,在3360千米高的远地点,测量得到的结果几乎为零。1958年5月15日,苏联发射的第三颗人造地球卫星的测量结果也几乎为零。这是怎么回事?远离大气层的空间中为何几乎没有辐射?

美国科学家范艾伦研究了这种现象后解释说,计数器的计数为零并不是因为辐射很少或者没有,相反是因为辐射太多了,计数器跟不上涌入的粒子,结果就失灵了。这与太亮的闪光反而会使人眼暂时看不见是一样的道理。为了验证这一假设,1958年7月26日发射的"探险者"4号卫星携带了一个特殊的计数器,它的外面用一层很薄的铅遮盖起来,这样就能把大部分辐射都屏蔽掉。果然,这一次计数器又能正常工作了,它老老实实地告诉人们,"辐射过多"的理论是正确的,而且高空的辐射强度比科学家们猜测的高出了许多,它对人类的宇宙飞行有致命的威胁,必须注意防护。

1958年秋,美国向月球发射的两个探测器——"先锋"1号和"先锋"3号先后在8万千米和10.4万千米的高空发现了两个环绕地球的主要辐射带。为了纪念范艾伦的功绩,把它们命名为"范艾伦辐射带",后来又改为"磁层"。它们是由约束在地球磁场中的带电粒子组成的,在朝向太阳的方向高约6.4万千米,在相反方向的泪滴状尾部可以一直扩展到一二百万千米以上,这已远远超出了月球的轨道。

地磁风暴

1956 年 2 月 23 日中午,中央人民广播电台的短波广播节目正常播出,中国数以万计的听众正在不同地区听得入神时,突然播音中断了,一直过了 36 分钟才恢复正常。经过反复检查,广播电台的发射机工作正常,当然全国各地的收音机也不可能同时出毛病,那么,问题出在哪里? 无独有偶,英国海军总部与其在格陵兰海面演习的潜艇的无线电通信联系,也在同一时间中断,当时他们怀疑潜艇失事沉没了。这一连串事故为什么会在同一时间发生? 天文学家告诉人们,他们在这段时间内观测到太阳发生了一次大爆炸,它引起的磁暴(地磁风暴) 影响到地球上的无线电通信。

地球像一个巨大的磁铁,它的四周存在着地磁场。地磁场由三个要素构成:磁场强度(水平强度和垂直强度)、磁偏角和磁倾角。磁暴往往是突然出现的,各地的地磁要素突然改变它的数值,磁场强度变化幅度可以达到几安 / 米,并且继续发生急剧的、不规则的变化。1959 年 7 月 14—15 日上海佘山地磁台记录到一次磁暴,从曲线上可看出这次磁暴地磁场水平强度的变化近 1 安 / 米。这种磁场强度的剧烈的变化会引起地球电离层的不稳定,而短波通信的信号之所以能传播到全球,就是靠电离层对无线电波的反射和折射。因此,电离层不稳定,严重时会造成短波通信的中断。

产生磁暴的原因和太阳活动有关。每当太阳活动剧烈时,就会出现一些黑子。根据记载分析,太阳黑子出现和增多时,地磁活动也达到最大值并产生磁暴。进一步的观测发现,太阳黑子爆发时会向外辐射大量带电粒子流,正是这些"不速之客"扰乱了地球磁场,引起磁暴。

4亿根铜针

短波无线电通信需要依靠电离层的反射,而电离层会因磁暴而受破坏,影响到正常的无线电通信。能不能用人工方法造一个稳定的电离层,确保短波通信的正常进行,这是美国提出的"韦斯特福德计划"的基本构想。

1963年3月9日,这个计划实现了:一颗卫星携带着4亿根铜针被送入轨道。铜针每根长1.9厘米,比人的头发丝还要细,4亿根铜针的总质量只有22.5千克。这些针从卫星释放像天女散花般撒在空中后,逐渐扩展成一个环绕地球的带,这个带存在了三年。它像人们所预料的那样,日夜不停地反射着无线电波,又不会受磁暴的影响。它为人们进行远距离通信提供了一种可靠的方法。

磁单极子之谜

自然界的事物都是对称的,例如,有带正电的,也有带负电的;

有磁南极,必有磁北极;电能生磁,磁也能生电,等等。但有时也会遇上不对称的事物,电和磁之间就有某种不对称。自然界中有单独带一个正电荷的质子,也有单独带一个负电荷的电子。但是,人们从未发现过只有一个南极或北极的磁体,把任何一个磁体不断切割为两段时,总是只能获得两段各自都有一对南、北极的磁铁,即使在微观世界,由旋转的电子产生的很小的磁场,也同时存在南、北两个极。所以,"不存在磁单极"这一结论,是整个电磁学理论的基本实验事实之一。

1931 年英国著名物理学家狄拉克从量子系统波函数的特性出发,提出了一种电和磁完全对称的理论,它预言了"磁单极子"的存在。近一个世纪里,根据狄拉克的预言,人们在宇宙线、磁铁矿、海底沉积物、陨石,甚至在阿波罗飞船从月球取回的岩样中广泛寻找磁单极子,但都未得到。唯有 1982 年美国的卡夫雷拉利用超导环的方法检测到一个似乎是磁单极的粒子,但以后许多人用更敏感的探测系统来检测,都没有探测到磁单极子。所以,究竟是否存在磁单极子迄今仍然是个谜。

如果确实有磁单极子存在,它必将对物理学各领域产生深远影响,现有的电磁学理论将作修改。

人工鼻子

人的鼻子很灵敏,能嗅出许多种气体的"味道"来。但是,对于某些特殊要求,它就无能为力了,例如,人的鼻子就嗅不出氧气的浓

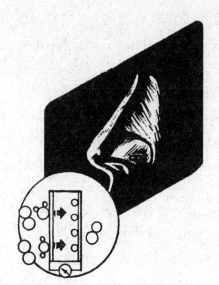

度。然而,用氧化锆固体电解质做成的"人工鼻子",能嗅出百万分之一的氧气浓度来。把它装在锅炉烟道中,可以监测其中氧气的浓度,从而可推算这台锅炉的燃烧情况。这对于节约燃料、减少锅炉燃烧时对大气的污染、实现锅炉运行的自动监控等都有重要的意义。

"人工鼻子"的嗅觉是怎样产生的? 这要从电解质谈起。电解质一般是指在水溶液中或在熔融状态下能导电的化合物,如酸类、碱类和盐类。20 世纪 60 年代以来,人们发现有些银盐(如碘化银、硫化银等)及有些金属氧化物(氧化锆等)在低于熔点的温度下,甚至在室温时也能像电解质那样具有导电的本领。人们把这类物质称为"固体电解质"。

这些固体电解质有一个特点:在它们的外表涂上一层多孔性金属电极层后,它们的负极就会吸附一定的气体(如氧气)分子,使气体分子获得电子变成气体离子,然后通过中间加热的固体电解质,到达它的正极,放出电子。这样,在固体电解质的两极之间就会形成电位差,电位差的大小显然与气体的浓度有关。如果我们用仪表测量电位差的大小,就可以检测出气体的含量。利用固体电解质的这种特性,就可以制成"嗅"气体的人工鼻子。

微波 "导演"

　　用过微波炉的人都赞叹微波加热好处多。它能深入到食物内部加热,而不像用铁锅只能加热食物表面,要靠食物本身的热传导才能把热量从外表传入内部。碰到像糯米粽子这样热传导差的食品,你把冷粽子放在水里煮,往往外表已滚烫,而里面还是冰凉。但是,若将它放进微波炉里加热2分钟,就从外到里都热透了。微波为什么有如此奇效?

　　粮食、水、蔬菜等物质的分子都是一端带正电另一端带负电的"偶极子"。在通常情况下,偶极子的排列杂乱无章(左图)。可是,在这些物质的两端加上一个外电场后,它们内部的偶极子就会重新排列,带正电的一端就趋向外电场的低电位;带负电的一端则趋向高电位。于是,原先很杂乱的排列就变得十分规则了(右图)。如果再将外电场的方向作180°的改变,这时物质中偶极子的取向也随之旋转180°。如果外电场是微波这样高速交变的电磁波,那么,物质中

的偶极子就像一群"舞蹈演员"在微波的"导演"下旋转,微波的频率就是偶极子们旋转的频率。偶极子在旋转时会发生类似摩擦的作用,使物体的温度随之升高。当然,这些热能是由微波的电磁能转化而来的。由于微波的频率很高,这导致偶极子高速旋转,在很短的时间内,物质内部将产生大量的热,因此,微波加热速度非常快。又由于这些物质都是非金属的,对电磁波不能起屏蔽作用,因此,微波能深入到物质内部起作用,所以微波加热的效果非常突出,能同时对物质的外部和内部都加热。

蝙蝠与遥感技术

蝙蝠是一种昼伏夜行性动物,即使在漆黑一团的岩洞或古庙里,它都能自由自在地穿梭飞行,不会撞到壁上。更令人吃惊的是它每分钟竟然能准确无误地搜捕十几只蚊子。蝙蝠的视力很差,却能行动自如,奥妙在于它的喉咙能够发出每秒振动 25 000～70 000 次的强超声波,并通过嘴和鼻孔向外发射出去,它还能敏锐地接收这些超声波遇到物体后反射回来的波,并从中判明物体离自己的距离及物体的大小,判明是食物还是敌人或者障碍物。蝙蝠的这种本能就是一种遥感技术,它的遥感本领靠的是超声波。

遥感是不接触目标物体的测量和识别技术。现代遥感技术运用的是电磁波的各个波段,如微波、红外线、可见光等。我们知道,任何物体都有吸收、反射、散射和透射光线的本领。但是,各种物体对各种颜色的光的吸收和反射本领不一样,反射白光多的物体近白色,如雪花；反射红光多的近红色，如红玫瑰……于是就形成了五彩缤纷的世界。光是一种电磁波，物体也具有吸收、反射、散射、辐射和透射电磁波的本领，不同的物体，吸收、反射、辐射电磁波的波长就不一样，这种特性叫做"物体的光谱特征"。遥感技术的基本原理就是基于这个特征。因为各种物体的光谱特征互不相同，我们只要事先用仪器收集记录各种物体在不同情况下的各种光谱，然后用电子计算机进行处理、分析并储存起来，在遇到不明物体时，用遥感仪器探测该物体辐射或反射的电磁波，然后进行分析比较，就能得到关于该物体的各种信息。

可见光遥感的图像清晰，容易判读，但夜间很困难。红外遥感仪就是更灵敏、更精密的夜视仪。而微波遥感则具有全天时（不论白天黑夜）、全天候（不论各种气候条件）的优点。遥感技术广泛应用于探测石油、天然气、海洋资源、军事、天气预报、预测地震、发现森林火灾、防治农田病虫害等。近年来人类利用遥感技术已经实现了对月球、金星、水星、火星的观测，为天文研究提供了极其宝贵的资料。

小 型 化

电子元器件的发展史就是一部电子产品小型化的发展史，从第一代电子管到第二代晶体管，再经过第三代集成电路、第四代大规模集成电路、第五代超大规模集成电路的时代，目前微处理器的量产制造工艺已经达到14纳米，巨大规模集成电路的集成组件数已超过了14亿。

一方面,电子元器件的小型化,不仅仅是为了缩小体积,更重要的是提高设备的可靠性,因为电子元器件的体积越大,遭受损坏和出现故障的概率越大;另一方面,随着电子学应用领域的开拓,工作频率也在不断提高,由早期的中、长波而逐渐发展到短波、超短波和微波,而电子元器件的高频性能,总是和它们的几何尺寸联系在一起,这犹如提琴或二胡上的弦越短和越细,振动的频率越高一样,电子元器件的体积越小,其高频工作性能越好,这也是发展晶体管和集成电路的重要原因之一。

如何实现小型化? 如果按照传统的电路概念,将各电子元器件分立制作,那是很难小型化的。由理论计算得知,构成晶体管管芯的晶片,每平方厘米可允许通过数千安培电流。因此,一般小功率晶体管只要数十微米方圆的晶片面积就够了。但是在制作时,由于受到引线面积和操作上有效处理尺寸的限制,有效芯片面积一般总在0.5平方毫米左右,为实际所需面积的1 000倍,利用率只有千分之一。此外,引线、支架和外壳等所占的空间,约为晶体管芯片几何尺寸的数百倍,这也影响了体积的进一步缩小。

能否打破传统的电路观念,按照电子线路的要求,将晶体管以及其他电子元器件,制作(集成) 在一小块晶片上,完成具有所需功能的电路呢? 这正是集成电路设想的由来。

太阳能电池

地球上的化石能源(如煤、石油、天然气等),是从几亿年前的远古时代储存下来的太阳能,也可以看作是"阳光罐头"。

使用化石能源会排放大量二氧化碳,使全球变暖,并使空气中的粉尘含量增加,严重影响人类的身体健康。因而,太阳能、风能、波浪能、潮汐能等可再生清洁能源已开始逐步替代化石能源。

太阳能是各种可再生清洁能源中最重要、最丰富的能源。太阳每年投射到地面上的辐射能高达 1.05×10^{18} 千瓦·时,相当于130万亿吨标准煤燃烧产生的能量。如此多的能量,只占太阳每秒钟向宇宙空间辐射能量总量的 20 亿分之一,其应用潜力十分巨大。太阳能可通过光-电、光-热、光-化学等的转换来利用,尤其是在利用其他能源十分困难的太空中。1954 年,美国贝尔电话实验室用硅晶体的薄片两面分别涂上作正极的硼和作负极的砷,制成了世界上第一个光电转换效率达 6% 的太阳能电池。1958 年,它为"先锋"1 号人造地球卫星提供了电源。中国在 1971 年发射的第二颗人造地球卫星上也使用了太阳能电池。现在这种晶体硅的光电转换效率已经提高到 40% 以上。太阳能电池已被广泛应用于手表、计算器、收音机、小型发电站、卫星、空间站、灯塔、航标、微波中继站等,采用太阳能电池的汽车、飞机也在积极研制中。

可是,用半导体晶体制成的太阳能电池造价昂贵,不可能在民用中大规模推广。人们希望采用非晶硅材料来制作太阳能电池,因为非晶硅薄膜对太阳能的吸收能力比晶体硅

要大几倍到几十倍,而且制作成本低,可以大规模生产。但是,非晶硅无法掺杂,也就无法制成太阳能电池。1976年,斯皮尔等人发明了在非晶硅中掺氢的办法解决了这一难题。不过一开始用非晶硅薄膜制成的太阳能电池的转换效率很低,只有百分之几,经过不断的努力研究,现在已达到20%~50%。于是非晶硅太阳能电池就开始进入实用阶段,相信不久将来太阳能发电将会成为人类一种重要的能源。

漫话电光源

据统计,一架飞机要用30多种电光源,一艘军舰竟要用300种以上电光源。电光源种类繁多,但总体来看不外乎两大类:白炽灯和气体放电灯。

白炽灯是通过电流加热灯丝而发光的。普通的钨丝电灯,在2 500开的温度下就会发出白炽光来。与此同时还发射许多不可见的光,如红外线,这时可见光所占比重不到10%。提高灯丝温度可以增加可见光的比重,可是,随着温度升高,钨的蒸发急剧加快,灯泡寿命降低。为了解决这一矛盾,人们在灯泡里充入一些惰性气体,由于惰性气体分子与蒸发出来的钨原子碰撞,使一部分钨原子又被撞回到灯丝上,从而减少了钨的蒸发。这种充气白炽灯的工作温度可达2 800开左右。现在的民用灯泡寿命已超过1 000小时。

气体放电灯的发光是利用某些气体在外电场激励下放电时释放的光能。通常情况下,气体分子是中性的,气体是不导电的。在某种外界因素作用下,有少数气体分子会电离成正负离子和自由电子,这些带电粒子在外电场作用下做加速运动,与其他中性气体原子碰撞,气体中的离子和电子数目快速增长,就发生了气体放电。在气体放电过程中,常常伴随着气体原子、分子的激发和跃迁,因此就产生发光现象。不同种类的气体,在不同的气压,受到不同强度的电场的激发,就会产生不同颜色的光辐射。利用这些特点,人们制成了各种气体放电光源,我们所使用的日光灯、商场用的霓虹灯,都属于这一类。

日光灯是应用最广泛的气体放电光源。它的阴极上涂有碳酸盐,受热后可以发射电子,使灯管内的惰性气体电离而产生气体放电。此时,管内温度升高,液态水银变成蒸气,水银蒸气分子与惰性气体粒子又发生碰撞,产生更剧烈的气体放电,水银蒸气分子辐射大量不可见的紫外线,当它射向涂有荧光粉的管壁后,使之发出可见光。

日光灯中的水银蒸气压很低,一般为 1.33 帕,气压低,粒子碰撞机会少,因碰撞而被激发并发光的粒子也就少,针对这一情况,人们又制成了高压汞灯,充在它的放电管内的水银蒸气压强高达 0.2～1 兆帕,这种水银蒸气放电的光谱呈蓝绿色,不能直接用于照明,必须在玻璃外壳的内壁上涂荧光粉,以改善光色。现在街道、小区内用于照明的,大多是这种高压汞灯。

气体放电灯的发光效率较高,所以它是节能的电光源,人们称之为"节能灯"。但是它里面的水银蒸气却是一种有毒的废弃物。中国每年废弃的节能灯数以百万计,如何防止水银污染是环保工作一大难题。现在,一种既省电又环保的半导体 LED 灯已面世,可以解决节能与环保这一两难问题。

磁悬浮列车

　　人类的交通发展史,就是一部不断提高推动力(人力、畜力、蒸汽机、内燃机、电力等)的历史;同时,又是一部不断改进路面结构、不断克服摩擦力的历史。狗拉雪橇要克服橇板与路面积雪之间的滑动摩擦,汽车在道路上和火车在铁轨上虽然克服的都是滚动摩擦,但它们的摩擦系数相差甚大。汽车在沙土路上行驶,其轮胎与路面的摩擦系数高达 0.15～0.30,但在高速公路上行驶,摩擦系数就降低到 0.01～0.018。火车为什么能多拉快跑? 因为火车轮子与铁轨的摩擦系数只有 0.003～0.005,它所受的阻力不到汽车的三分之一。这正是轨道交通越来越受重视的原因。

　　能不能把轨道也甩掉,让车子在空气中行驶,就像飞机一样? 磁悬浮列车就是一种零高度的"飞机"。它的原理源于一个简单的事实:磁铁的磁极同性相斥,异性相吸。1922 年,德国的肯珀首先提出,利用无接触的电磁悬浮法驱动高速列车,这种磁悬浮列车避免了轮与轨之间的摩擦,因此时速可高达 500 千米以上。它行进时没有摩擦噪声,也不排放有害气体及其他物质,是一种较理想的交通工具。

　　磁悬浮列车从悬浮机理上可以分常导磁悬浮和超导磁悬浮两种。常导磁悬浮列车的电磁铁采用常规磁铁,当固定在车体上的悬浮电磁铁通电时,会产生磁场与固定在路轨上的电磁导轨相互吸引,将列车向上吸起,悬浮空隙一般在 8～12 毫米。常导磁悬浮列车采用的是 T 形导轨。

　　超导磁悬浮列车采用由低温超导材料制成的电磁铁,固定在车体上的超导电磁铁与导轨的悬浮线圈产生的磁场极性相同,两个磁场相互排斥使列车浮起,悬浮空隙一般为 100～150 毫米。与常导磁悬浮列车不同,超导磁悬浮列车在静止时不能悬浮,必须达到一定速度才能产生悬浮的磁场。超导磁悬浮列车采用 U 形导轨结构。

　　电磁力不仅能使车体悬浮,而且还能进行导向。磁悬浮列车前进的动力也是电磁力,它由线性电动机提供。

阿基米德的战术

　　相传公元前3世纪,在古罗马与古希腊交战中,古罗马人的舰队逼近了叙拉古。据说著名的科学家阿基米德也参加了城市保卫战,他运用自己的知识提出了一种新奇的战术。阿基米德组织了许多妇女,让她们每人手持一面镜子,站在港湾岸边,用镜子把阳光聚焦到古罗马战舰的篷帆上,最终把入侵的敌舰统统烧毁了。

　　阿基米德的战术有成功的可能吗? 18世纪的法国著名科学家布丰研究了这个问题。他经过计算发现,要达到这样的效果,每面镜子的直径起码得有10米,而且要有1 000面这样的镜子,才能把1千米外的船帆点燃。在当时的技术条件下,要制成这么大的玻璃反射镜是不可能的。因此,布丰认为阿基米德的这种战术只不过是人们制造光武器的美妙幻想罢了。

　　后来,在法国,有人根据布丰的设计做了一架"光炮"。它由168块玻璃反射镜组成,每块镜子长15厘米,宽20厘米。这168块镜子组成一个5平方米左右的反射面,它所聚集的太阳光能把47米远处的松木板在几分钟内点燃。但是,若想像阿基米德的战术那样,

把1千米远的松木板点燃的话,整个反射面的面积要增大到1平方千米,这当然是难以办到的事。即使勉强凑到那么大,使用时还有困难。怎么使几百万块小镜子反射的阳光聚焦于一点呢？要使这么多小镜子转动得动用多少人呢？由此更可以看出阿基米德的"光炮"只是虚构。

青铜魔镜

20世纪50年代,日本冈山古墓中出土了一批中国古代青铜镜,共13面,经考证是距今有2000多年的西汉年间的文物。其中有几面铜镜,当阳光照射在铜镜的正面并使其反射至墙面或屏幕上时,竟然出现镜背面的花纹。此事曾轰动全球,这几面青铜镜被称为"魔镜"(学术上称为"透光镜")。在上海博物馆也能看到2000多年前的西汉的青铜魔镜。

铜镜本身是不透明的,背面的纹饰为什么能在光线照射下"跑到"正面来呢？其实,早在900多年前北宋科学家沈括就在他的《梦溪笔谈》中指出:"文虽在背,而鉴面隐然有迹,所以于光中现。"清代物理学家郑复光则断言:"理乃在凸凹,不系清浊。"

中国物理学家对铜镜进行了研究,首先根据小镜看大面孔来推断透光镜是凸而不是凹。然后用激光干涉的牛顿环实验来分析"透光"镜表面的曲率分布,得到的结论是铜镜整体呈球冠状,半径很大,外圈较厚如箍,在冷却处理时往中心压缩,形成铜镜表面隆起,但隆起的程度不同,较厚处隆起较少,较薄处隆起较多,使镜面形成一个多种曲率半径的球冠,而且这种曲率分布又对应着镜背花纹的厚薄分布。当光线反射时,薄处曲率半径小,反射光散射角小,厚处曲率半径大,反射光散射角大。这样,经过反射光的分布与叠加,在屏幕上形成的明暗图像与背面的纹案就基本一致了。

是不是每个青铜镜都能"透光"呢?不是的,只有当铜镜磨到足够薄时(1毫米以下)才能变成"透光"的魔镜。

这种魔镜在唐代以后就消失了,主要原因是宋、明、清的铜镜讲究大、厚、重,且背面纹饰更复杂、更奢华,却再也不能"透光"了。

冰 透 镜

据说,曾有一支南极探险队,由于丢失火种,面临寒冷、饥饿与死亡的威胁。一个聪明的队员用冰块琢磨成一块凸透镜,把阳光聚焦,点燃引火物,重新得到了火种。

用冰制透镜的最早记载在中国。1 600多年前,晋代学者张华在《博物志》中写道:"削冰令圆,举以向日,以艾于后承其影,则得火。"这里冰就是冰透镜,艾是指引火物——艾绒。

有许多人怀疑这个实验能不能做成,因为冰在阳光下可能融化。清代,有一些人拿这个问

题去请教当时著名的科学家郑复光,郑复光开始也有些怀疑,于是在1819年亲自动手用实验解答这个问题。他用一个壶底微微向里凹的锡茶壶(底直径16厘米以上)装热水,放在冰块上旋转,把冰块熨成两个光滑凸面,做成一个大凸透镜。在阳光灿烂时,把冰制的凸透镜放在一个小桌上,对准太阳并特别注意使它固定不动,另外一个人把纸捻放在其焦点上,纸果然烧起来了。

光阴似 "影"

早在原始社会人们就注意到地面物体的影子与太阳位置的高低密切相关,而太阳的升起与降落标志着一天时间的变迁,因此,人类很早就懂得利用影子来推算时间。

在河南省登封县,有一座中国现存最早的天文台——登封观星台。这个古天文建筑由台身和石圭两部分组成。台身高9.46米,中央有一道直壁,直壁上方相对的两间小室的窗口下放置一根横梁。石圭由36方圭石铺在一堵砖石矮墙上,长31.19米。石圭与直壁、横梁组成一个观测日影的仪器。太阳照在观星台上,横梁的影子就投在石圭上,石圭像一把"量天尺",可以量出影子的长度。根据影子长度的周期变化,就可以定出季节。

在印度曾发现过一些巨大的石梯,它们顺着一堵三角墙的侧面升到顶点而突然中断,好像人们为了要上天而架一座天桥,因为灾祸的突然降临,未曾造完就搁下了。令人迷惑不解的是,在这座奇怪的"天梯"下面交叉着一堵弧形墙,墙像一座被倒翻过来的石桥。这些

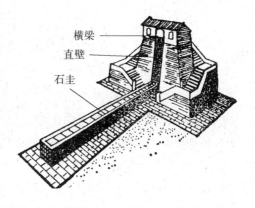

奇怪的石梯往往有十层楼那么高,考古学家们猜不出这些巨大的古代建筑是作什么用的,是庙宇? 是纪念碑? 还是其他什么建筑? 有一位天文学家找到了答案,这是当作钟来用的日晷。三角形墙在下面那座"翻过来的桥"上投下的影子,像指针似的在一天的不同时刻随着太阳的升落而一起移动。

可是,为什么要把"钟"造得像十层楼那么高呢? 现代的钟表有时针、分针、秒针之分,而这种日晷却只有一根"影子针",一身兼作三用。为了使影子的移动能指示出"秒"来,在转过同样角度的情况下,半径越长它所对应的圆弧移动也越显著。这就是筑高楼的原因之一。当然,这种日晷是大家公用的"钟",筑得高才能使大家都看得见。

用处多多的潜望镜

古时候,中国一些深山古庙屋檐下,常倾斜地挂着一面青铜大镜。如果在庙门内地上再放上一盆水,对准镜子,就做成了一个简单的"潜望镜",在水中就会映出庙门外的羊肠小道及过往行人。其实,早在公元前 2 世纪,《淮南万毕术》中就记载着"取大镜高悬,置水盆于其下,则见四邻矣",这是世界上最早的关于潜望镜的记载。

现代潜望镜是谁发明的已无从查考。但是,它的最早应用是在潜艇上,潜在水下的潜艇要观察海面上的情况,必须把潜望镜升出水面才行。

潜望镜在现代社会有着广泛的应用。例如,进行火箭发射时,现场人员都要躲在有厚厚钢筋混凝土墙的地下室里。为了观察地面的发射情况,除了用闭路电视监控外,还要用潜望镜观察。还有,在进行具有放射性的危险实验时,人是绝对不能靠近观察的。这时,科学家就可以利用潜望镜隔着厚厚的保护墙观察实验情况。

望远镜拯救了荷兰

利珀希是荷兰的一个眼镜制造商,有一天,两个孩子趁他不在家时,偷偷玩他的那些透镜。玩呀,玩呀,最后当孩子们把两块透镜放在眼前,一块离眼近、一块离眼远时,惊讶地发现远处的原来看不清的东西竟然变得又大又近了! 利珀希回家后,两个孩子马上把这一发现告诉了他。

利珀希很快就明白了这一发现的重要性。他想到人不可能老是手上拿着两块透镜眺望远方,这太不方便了。于是,他配备了一根金属管,透镜则安装在管子两端适宜的位置上。这样,世界上第一个望远镜就诞生了,利珀希把它称为"视管"。1612 年,意大利红衣主教的书记爱奥亚尼斯·狄米西亚尼建议用"望远镜"来称呼利珀希的发明。1650 年前后,这个词开始流行。

那个时代，荷兰正在进行一场反抗西班牙的独立战争，已经苦战了 40 年。爱国的利珀希把自己发明的望远镜献给了荷兰政府，那时荷兰共和国的最高行政长官莫里斯是一位贤能君主，他对科学很感兴趣，因而立即看出这种仪器的重要性。他给利珀希一笔钱，命令他为政府生产一批望

远镜。荷兰海军使用了望远镜后，能在西班牙人发现他们之前就发现敌人，于是，荷兰人就占据了优势地位。加上其他种种因素，荷兰最终赢得了独立战争。

化整为零

科学家为了观察更远的天体，就得制造口径更大的望远镜。然而，"大有大的难处"。美国帕洛玛山上 5.1 米口径的望远镜，它那重达 5 吨的镜面要精确地研磨和抛光，仅这一项工程就花费了 11 年。望远镜可转动部分重达几百吨，要精确安装在十几层楼高的建筑物内，使得它的平衡系统灵巧到只要用手指一推就可以转动，这一切有多么困难！

为了减少制造大口径望远镜的困难，科学家采取了"化整为

零"的办法。例如,建在美国亚利桑那州南部霍普金斯山上的多镜面望远镜就是这方面的一个尝试。它由 6 个镜面组成(见图),每个镜面的直径为 1.8 米,排成一个圈。它们可以同时瞄准一个天体,在共同的焦点上聚焦成像。这样制成的望远镜的聚光能力相当于口径 4.5 米的大望远镜。但是制造 4.5 米的大镜面要比制造 1.8 米的镜面困难得多。因此,采取化整为零的办法,可以大大减少制造巨型望远镜的困难。

当然,化整为零之后,必须加强这些"零星"部分的协同能力,否则,"集零"就不能"为整"了。上述那架多镜面望远镜,为了使 6 个镜面步调一致地聚焦于同一点,就使用了计算机进行控制。在这样的"化整为零"的设计思想指导下,科学家们正在设计第二代地面望远镜。

人为什么要长两只眼睛

人和动物都长着两只眼睛,为什么不跟鼻子一样只长一只呢?这是生存竞争的需要,因为用两只眼睛观察周围比用一只眼睛来得准确和精细。人们观察到的世界为什么是立体的?这也是因为人长着两只眼睛的缘故。

成年人的双眼大约相隔6.5厘米,观察物体(如一本竖立着的书)时,两只眼睛从不同的位置和角度注视着物体,左眼看到书的封底,右眼看到封面。这本书的封面和封底同时在视网膜上成像,左右两面的印象合起来,人就得到对这本书的立体感觉了(如图)。引起这种立体感觉的效应叫"视差位移"。

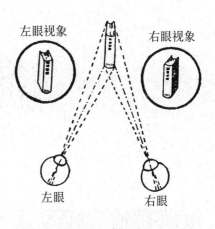

用两只眼睛同时观察一个物体时,物体上每一点对两只眼睛都有一个张角。物体离双眼越近,其上每一点对双眼的张角越大,视差位移也越大。正是这种视差位移,使我们能区别物体的远近,并获得有深度的立体感。对于距离遥远的物体,我们两眼的视线几乎是平行的,视差位移接近于零,所以我们很难判断这个物体的距离,更不会对它产生立体感觉了。夜望星空,你会感觉到天上所有的星星似乎都在同一球面上,分不清远近,这就是视差位移为零造成的结果。

当然,如果只有一只眼睛的话,也就无所谓视差位移了,其结果也是无法产生立体感。例如,闭上一只眼睛去做穿针引线的细活,往往看上去好像线已经穿过针孔了,其实是从边上过去的,并没有穿进去。

夜空繁星

夜望星空，你会感到天上所有的星星似乎都在同一球面上，分不清哪些离我们近，哪些离我们远。然而，天文学家是怎样测出众多天体的距离呢？

根据视差位移引起立体感的原理，在观察天体时就应该增大视差位移，可是我们不能把双眼分开得远一些，替代的方法是在远隔几百千米的两地，在同一时刻，通过望远镜对同一天体拍两张照片（如图）。利用这两架望远镜与水平面的夹角，可以求得位于测量三角形顶角的天体对底线 L 两端的张角 θ。L 是两座天文台之间的距离，事先已知，利用三角学知识，就可以求得该天体距离地球有多远。在天文测量上，把参与测量的两座天文台之间的距离称为"长基线"。

利用长基线测量法，不仅能测得众多天体与地球之间的距离，而且能测得这些天体的"面貌"。具体的做法是：将同时摄下的同一个天体不同侧面的两张照片放到立体镜里，就能看到该天体的立体像了。长基线越长，所合成的天体像的立体感也越强。

火焰上的科学

1854 年，德国海德堡市的一家煤气厂建成投产，煤气管通向四面八方，也通到了海德堡大学化学系教授本生的实验室。本生由此试验了各种构造的瓦斯灯，并自己发明了一种绝妙的新式瓦斯灯：它的火焰可以随意调节，因此总能进行完全的燃烧而不冒烟，使灯变得很清洁。这种灯后来就被称为"本生灯"，直至今天还在实验室中使用。

本生非常喜欢摆弄火。他手艺很好，能把熔融的玻璃吹成各式各样的化学仪器，在成千上万次吹制玻璃的时候，本生当然注意到了火焰颜色的变化。他的瓦斯灯的火焰平时总是呈浅蓝色，温度很高，但是，只要插进了玻璃管，火焰立刻变成浅黄色了，一小块钾盐又会使火焰呈现淡紫红色。有一次，本生用一根白金丝沾了各种物质在火焰上烧，结果，火焰变出了种种美丽的颜色：钙——砖红色，钠——明亮的黄色，锶——明亮的紫红色，钡——绿色。

本生是个分析化学专家，他十分了解要分析出某种物质是由哪些元素组成的，要做很多繁复的工作。而现在就简单得多了：只要把一小粒物质送进火焰里，就能根据火焰的颜色的变化知道里面含有哪些元素。为了完善自己的新式化学分析方法，他与自己的挚友物理学家基尔霍夫商讨，后者建议他不要直接观察火焰，而是观察火焰

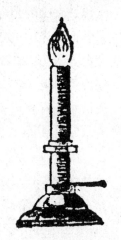

的光谱。因为对颜色的辨别不如观测光谱谱线的位置来得精确。从此，一种崭新的物质分析方法诞生了，这就是"光谱分析"。

夫琅禾费谱线之谜

1814 年，德国的望远镜制造家夫琅禾费在制造高质量透镜时，需要确定玻璃的折射特性，研究了大量太阳光谱。他发现在七彩斑斓的太阳光谱中有一条条暗线，共计 574 条，其中最突出的几条他用 A、B、C、D……H、J 9 个字母来标记。后人为了纪念他的功绩，把太阳光谱中的这几百条暗线都称为"夫琅禾费谱线"。

太阳光谱中为什么会有夫琅禾费谱线？夫琅禾费谱线标志着什么？这成了当时天文学上的一个谜。

1859 年，德国物理学家基尔霍夫在研究太阳光谱时，把食盐的火焰放在太阳光束经过的途径上，再让太阳光束进入光谱仪。他原以为太阳光中也有食盐发出的那种黄色光，再加上食盐火焰发出的黄色光，在光谱仪上看到的应该是更强的黄色光，结果却适得其反，在应该出现亮线的地方却出现了暗线，并且，暗线的位置恰恰与太阳光谱中原有的两条暗线 D_1、D_2 相重合。这个现象意味着，如果亮线表示发射，暗线就表示吸收。

由此，基尔霍夫想到了太阳光谱中的几百条夫琅禾费谱线，它应该是由太阳外层大气中包含的多种物质的吸收所造成的。例如，既然在太阳光谱的暗线 D_1、D_2 中有钠的黄色特征线，那么，由此可以推断，太阳大气中必定含有钠元素。

夫琅禾费谱线之谜解开了。从此开创了天体物理的新纪元。在此之前，人们通过望远镜只能观察天体的外貌，而无法知道天体的内在组成（如某天体是由哪些元素构成的），因为你无法亲自到这些天体上去看个究竟。有了天体光谱的研究后，天体的构成之谜就逐一解开了。目前，已对上千条太阳光谱中的暗线作了认证，在太阳上找到了 67 种地球上有的元素。同时，天体物理学家还研究了其他的恒星光谱，大大丰富了人类对宇宙的认识。

神秘的"太阳元素"

研究遥远的星体对我们生活在地球上的人有多少实际价值呢？

1868 年，法国天文学家詹森和英国天文学家洛克耶把分光镜对准太阳，结果在平常出现钠的黄色谱线的位置旁边，出现了另一条明亮的黄线。因为地面实验室中从来没有见到过这条谱线，不知道它是由什么元素发射的，只好认为它是太阳上特有的一种元素，取名叫氦，原义就是太阳的元素。30多年之后，几个物理学家在地球上竟也找到了氦。这件事使化学家有点难堪，发现新元素本来是化学家的事，却被天体物理学家抢了先。为什么地球上明明有的元素，反而在遥远的太阳上先发现？原因

很简单,太阳和其他恒星中氦的含量很高,按质量达到30%,而在地球上,氦却很少。氦是惰性气体,很难在化合物中找到它。它又很轻(仅次于氢),很容易逃出地球,地球太小了吸引不住它,所以地球大气中也难找到氦。只有某些放射性元素在蜕变过程中能放射出一点点氦,化学家一直没有抓住它的踪迹。

为什么地球上的氦这样少?今天已经查明,所有地球上的氦都是来自地壳中的 α 放射性元素(如铀、钍等)的放射。由于这些放射性元素在地壳中分布极少,氦自然也极少。

蔚蓝的天空

如果你房间里的空气很洁净,几乎没有灰尘,那么一束光从窗外射入房间里,你只有在迎着光束传来的方向才能看见光束,从侧面是看不见的。如果房间里的空气很混浊,或者烟雾腾腾,灰尘飞扬,你就能从侧面看到一道光柱从窗口直射入室内。这是因为悬浮在空气中的微粒能引起光的散射,散射光均匀分布在各个方向,因此,从侧面也能看到一道光柱。这种由灰尘等微粒造成的散射叫"廷德尔散射"。

天空、海水都是蓝色的,是否也起因于悬浮在空气或海水中的微粒对光的散射呢?可是高空的空气非常洁净,有些地方的海水也是清澈见底的,哪来的灰尘颗粒呢?通过对这些现象的研究,物理学家又发现了另一类散射现象——分子散射。它是大气中分子密度分布不均匀造成的光的散射。最早研究这一现象的是英国物理学家瑞利。表面上看来均匀纯净的空气,实际上并不平静。由于分子的无规则热运动,局部地区的分子密度一会儿大,一会儿小,这种密度的起伏也破坏了大气的光学性质,从而导致光的散射。瑞利发现,散射光的强度与散射方向有关,并与入射光波波长的四次方成反比,这就是著名的瑞利散射定律。

根据瑞利散射定律,波长越短的光受到的散射越厉害,因此,当太阳光受到大气分子散射时,波长较短的蓝光被散射得多一些,天空中到处是被散射的蓝光,于是,天空看上去就呈现蔚蓝色。

如果地球上没有大气,那么即使在白天,我们所望见的天空也是一片漆黑的本底上,再加上一个耀眼的亮斑——太阳。当宇航员登上没有大气的月球时,他们看到的正是这样一幅景象。

海洋呈现蓝色,也是因为海水分子对太阳光的散射。波长较长的红光透过海水一直射到海底,波长较短的蓝光受到较为厉害的散射,使海水中蓝色散射光的成分增加,海水看上去便成了蓝色。大多数海洋海水颜色的成因都是如此。当然也有例外,例如,黄海的颜色是黄的,其原因不在于海水对光的散射,而是由于大量黄色的泥沙悬浮在海水中,把海水"染"成黄色了。

以颜色命名的海洋,如黄海、红海等,海水颜色的成因基本上都是由于光的反射,而不是光的散射。

昭然若揭

设计桥梁、水坝、坑道、汽车、飞机、船舶时,十分重要的一项工作就是准确了解整体结构及各个零部件的受力情况。在设计工作中只要有一个小地方的受力情况没摸清楚，将来很可能就出问题，甚至毁坏整个工程。这项工作固然可以用理论分析，但计算工作量非常巨大；当然也可以用按比例缩小的模型，但面对着水泥或钢铁做的不透明的模型，设计师们根本看不清它们内部的受力状况。有没有一种既能看清里面的受力情况，又能知道它们的受力大小的方法呢？有，这就是"光测弹性法"。

　　将塑料、环氧树脂、赛璐珞、玻璃之类的材料做成的模型，夹在两个偏振镜片之间，在一端用白光（或单色光）照射，在另一端的屏幕上观察（如图）。当我们在模型的某些部位加力时，在屏幕上就会看到彩色（或黑白）的条纹出现在受力点周围。受力越大，条纹越多越细；受力较小，条纹较少较粗。因此，在工程设计中，常用上述几种材料做成按比例缩小的工程模型，再在模型上加上与实际情况相仿的受力条件，然后用光测弹性法观察模型的受力情况，研究不同受力条件下出现的条纹分布，可以推测应该如何改进设计。

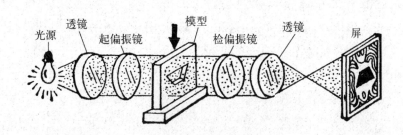

挡光玻璃

　　看见这个题目你一定认为是把"挡风玻璃"写错了。是的,汽车驾驶员前面的那块玻璃,因为能挡住迎面而来的疾风,所以叫"挡风玻璃"。但是,驾驶员们却希望它还具备另一种功能。夜间开车时,迎面驶来的车辆如果开亮大灯,耀眼的灯光会使驾驶员睁不开眼睛,这就很容易发生事故。为此,相对驶过的车辆在交会时,一般都关掉大灯而用黄色小灯,同时彼此减速。不过,这样一来又要影响行车效率。有什么办法可以既不关前灯和减速,又使双方驾驶员感到灯光不炫眼呢?偏振光可以帮忙。

　　让我们把车辆大灯的玻璃和驾驶室的挡风玻璃都换上偏振玻璃,而且使前灯偏振玻璃的偏振化方向和挡风玻璃的偏振化方向成45°角。这样,从对面车的前灯射来的偏振光因为与这边车的挡风玻璃的偏振化方向成90°角,相互正交的状态使透过的光强接近于零,于是这边的驾驶员就不感到炫眼了。对于那边的驾驶员来说,由于

前灯射出的偏振光与自己前面的偏振玻璃的偏振方向只成 45°角，所以他仍能看得见前灯射向前方的光。

精巧绝伦

光压是微乎其微的，如果把 100 瓦电灯所发出的全部光功率都集中在 1 平方厘米的小面积上，它所受到的总压力也只有 0.3×10^{-6} 牛。而一只蚂蚁在拖东西时用的力是上述总压力的 30 多倍。虽然如此，还是有不少物理学家企图测量光压。

1895 年，俄国物理学家列别捷夫利用一个抽成高真空的密封玻璃泡，在其中的一根细悬丝下，挂几对薄而轻的翅膀状薄片，整个装置能极其灵敏地发生扭转。其中一边的薄片全部涂黑，另一边则是光亮的。涂黑的薄片能全部吸收入射光，而光亮的薄片则将入射光几乎全部反射掉，在产生反射的同时，入射光给光亮的薄片一个反冲力。这样，当光射到薄片上面时，光亮的薄片所受光压大约为黑色薄片的两倍。由于两边薄片受力不等，就产生了一个回转力矩，使整个悬挂装置发生扭转。

实验进行时，将大功率弧光灯发出的光，通过聚光系统投射到悬挂在玻璃泡中的几对薄片上。通过固定在悬丝上的一面小反射镜反射光点的移动可以观察到，受到光照射的悬挂装置，由于受到光压而发生扭转。只要事先校准悬丝的扭力，就可以测出光压的数值。

在 19 世纪时，测量光压困难很多很大。自从激光出现之后，情

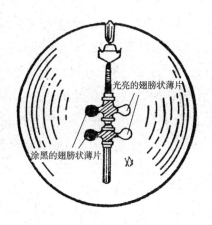

况有了根本的改变。现代激光器的输出功率可以达到很高的水平，由此产生的光压是十分惊人的。例如，很普通的红宝石激光器的输出功率可以达到 10^{10} 瓦，如果将其输出的激光束聚焦成几十微米直径的一个光斑，那么，在这个小范围内物体将受到数值相当于标准大气压 10 亿倍的超高压！

光亮的翅膀状薄片

涂黑的翅膀状薄片

穿墙照相

若说眼睛能透过墙壁看到屋里的东西，那是骗人的事情。然而，利用现代激光技术做到"穿墙照相"，却是并不遥远的事情了。

大雾天开车时，后面车辆的驾驶员只能看到前车尾部的轮廓。如果这个驾驶员想看得更清楚一点而打开前灯，那他就错了。这样做不但不能看得更清楚，反而使前车的轮廓也不见了。这是怎么回事？原来是"后向散射"在捣鬼。当后车前灯发射的光射向前车时，前车的尾部当然会反射一部分光，但沿途被雾粒散射的光也不少，其中向正后方散射的光叫"后向散射光"。大量因雾粒产生的后向散射光的存在，大大提高了背景亮度，以至把从前车反射回来的"目标反射光"都湮没了。于是，驾驶员就更看不清前面的情况。

为了克服后向散射的影响,人们想出了一个巧妙的方法,可以"穿雾照相"。在大雾天给较远的目标拍照,可以先向目标发射一部分激光,事先在照相机前面放置一个能高速开关的快门,并使它在激光信号从发射到反射至快门之前的整个期间都处于关闭状态,由于快门始终关闭,所以雾粒产生的后向散射光,绝大部分都被拒之于快门之外。一直到目标反射光返回到照相机时,快门才突然开启,等反射光(当然也有很少一部分同时到达的后向散射光)全部进入照相机后,快门才关上(如图)。这样,我们就获得一张前方目标的比较清晰的照片。

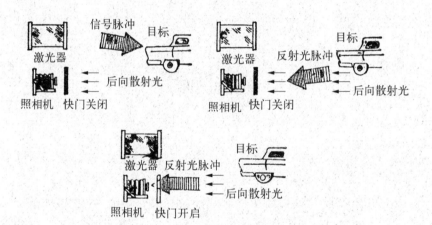

　　现在,人们依靠这种"穿雾照相"技术,不仅能穿透浓雾看清物体,而且在暗无天日的海底,能照见 100 米开外的物体了。据报道,利用这种技术,加上能穿透布料的红外激光,已经能穿透幕布进行照相。将来,当穿透能力十分强(能穿透砖石)的 γ 射线激光器发明时,利用 γ 射线来照明目标,穿墙照相就能实现了。

五彩缤纷的肥皂膜

小孩常用小管子蘸肥皂水吹肥皂泡玩,肥皂泡在空中飞舞时会呈现出五光十色来,这种现象是光的干涉造成的。

1801 年,英国医生兼物理学家托马斯·杨做了一个著名的杨氏实验。他让一束狭窄的光束穿过两个十分靠近的小孔后,再投射到一块白布屏上,两束光在屏上的重叠部分显示出一系列明暗交替的条纹,这就是光的干涉现象。

为了说明它的成因,我们做这样一个简易的实验:用铁丝做一个框框,浸在肥皂液中,取出后铁丝框上就张了一层肥皂液薄膜。在暗室中,把它竖放在红灯旁观察,我们能看到肥皂薄膜上一条条横向的干涉条纹。为什么红光在肥皂膜上会产生干涉呢? 由于重力作用,竖立的肥皂薄膜上半部较薄,下半部较厚,从上到下成楔形,如图所示。红光(单色光)照在膜上,一部分从膜表面 A_1B_1 上反射回来,另一部分进入肥皂液,再从另一表面 A_2B_2 上反射,经过 A_1B_1 面后射出,这两束光从同一光源发出,相遇后会发生干涉现象。那么为什么条纹是横向的一条一条明暗相间的光带? 因为在任一横向位置上,肥皂膜的厚度处处相等。若单色光射到某几个横断面上,前后两表面反射出来的光,恰好是波峰和波峰叠加,波谷与波谷叠加,使光波的振动加强,形成了明亮的条纹。在薄膜的另一些横断面上,两束光恰好是波峰与波谷相叠加,使光波振动相互抵消,形成暗的条纹。如果照在肥皂膜上的不是单色光,而是白光,那么薄膜上就会有彩色

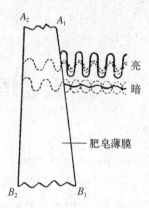

的干涉条纹出现了。那是因为白光是由许多波长不同的单色光组成的,每一种波长的单色光都在薄膜的某一厚度的横断面上出现一条相应颜色的彩带,整个肥皂膜就显得五彩缤纷。

下雨之后,路面是湿的,如果有油滴在上面,油就会在水面上张成薄油膜,雨过天晴,在阳光照射下油膜上会显出五颜六色来,也是这个原因。

颜色的加减法

通常把红、绿、蓝三种色光称为"三原色",用幻灯机把红、绿、蓝三束光,投射到一块白屏幕上,这三种色光中的两两相交叠的区域,变成黄、品红、青三种色光,三种色光进行了如下的加法运算:

红色＋绿色＝黄色;

红色＋蓝色＝品红色;

绿色＋蓝色＝青色。

在三原色交叠区的正中央，呈现白色。用加法表示就是：

红色＋绿色＋蓝色＝白色。

所以，通常又把红色、绿色、蓝色这三种原色称为"加色三原色"。

由于两种原色相加可以得到另一种颜色，而它再与第三种原色相加就得到白色，因此我们还可以得到如下的颜色"运算"规则：

黄色＋蓝色＝白色；

品红色＋绿色＝白色；

青色＋红色＝白色。

这样一来，两种色光也能合成白光。通常把这种性能的两种色光称为"互补色"；也就是说，黄和蓝、品红和绿、青和红都互为补色。

在日常生活和生产实践中，我们经常用到颜色相加的原理。例如，白色的衣服连续洗涤后会发黄，怎么办呢？人们常常在洗涤剂里加一些蓝色染料，用这样的混合物洗衣服，衣服显得分外白净。这里面的道理就是因为蓝色和黄色为互补色，它们相加后就得到白色。普通的窗玻璃稍带绿色，那是因为制造玻璃的矿砂中含有透绿光的氧化铁的缘故。如果原料中再加入适量的锰，由于它会给玻璃带来品红色，这品红色和绿色相加，就得到无色的透明玻璃。

颜色也可以作减法运算。把上述互补色的加法公式进行逆运算，就得到：

白色－蓝色＝黄色；

白色－绿色＝品红色；

白色－红色＝青色。

也就是说，黄、品红、青这三种色光，分别是从白光中减去蓝、绿、红色光后获得的，所以有时就把它们称为"减色三原色"。

雾灯与黄光

大雾弥漫时,汽车必须开亮雾灯才能行驶。雾灯照射出来的光是黄色光,科学家之所以选择黄光作为雾天中的"通行光",是经过精心考虑的。

雾灯的光必须具有较强的散射作用,才能让光束尽可能向前方散布成面积较大的光簇。根据物理定律,波长越短的光越容易被散射。黄色光的波长约为 5.6×10^{-7} 米,红色光的波长则在 7.6×10^{-7} 米左右,黄色光比红色光的波长差不多短三分之一,所以黄色光的散射强度要比红色光强得多,这就是雾灯采用黄色光而不用红色光的道理。

绿色光、蓝色光乃至紫色光的波长不是比黄色光更短,为什么不采用它们作为雾灯的灯光呢?要知道,绿色光早已被"委以重任"——红绿灯上占了一"席"之地。蓝色光和紫色光虽然波长很

短，但是它们有两大缺点使其不能成为雾灯的光：一是蓝色、紫色的光色较暗，不易被发现；二是这两种色光的颜色与户外傍晚、黎明和阴天时天空的颜色十分接近，而大雾恰恰最容易在这样的时候弥漫大地。在这样一种"天幕"大背景的衬托下，再用蓝色或紫色光显然不符合要求。

黄色光不仅用在汽车雾灯上，在城市道路的十字路口，到深更半夜交通红绿灯停开时，就依靠路中央不停闪烁的黄光，来提醒驾驶员注意降低车速，安全驶过十字路口。此外，铁路上的巡道工、帮助交通警察指挥交通的纠察等，他们身上都穿着黄色工作服，为的是容易被远处急驶而来的火车或汽车上的司机所发现。

阳光是"上帝"

《圣经》上说，上帝创造了世界，其实太阳光才是真正的创世主。

地球上原来并没有生命，经过亿万年漫长的岁月，地球的大气在太阳光特别是紫外线辐射的作用下，逐渐形成了有机分子，如糖、核苷酸、氨基酸等。在某些条件有利的地方，这些有机分子就会形成核酸和蛋白质，这些是生命起源的物质基础。所以，人们有理由断言，太阳光是地球上生命的创造者。

太阳光对人类的生存有特殊的意义。植物只有在阳光的照射下，才能进行光合作用，把二氧化碳和水等无机物质合成为有机物，并储存在自己的机体内。茁壮生长的植物界，为人类提供了丰盛的食物，也为牲畜提供了基本饲料。因此，就人类的食物来说，五谷、蔬菜直接来自光合作用，鱼肉禽蛋间接来自光合作用。生物学家季米里亚捷夫曾作过一个生动的比喻说："食物不是别的，是用太阳光制造的罐头食品。"

除了生命，地球上的能源（如石油、煤炭等）也都是从太阳光转化而来的。我们知道，这些矿物能源都是亿万年前地球上的植物和动物的遗体在一定地质条件下转化而成的。当时那些动物靠植物而生存，而那些植物又靠阳光才能进行光合作用得以生存。归根结底，亿万年前的植物、动物都离不开阳光，因此，由它们转化而成的石油、煤炭实际上也都是从阳光转化而来的。从本质上讲，石油、煤炭之类的能源不过是亿万年前储存在植物和动物遗体中的太阳光能而已。

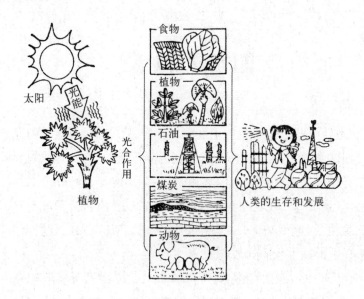

"眼见"一定"为实"吗

俗话说"眼见为实,耳听为虚"。这是形容亲眼看到的要比道听途说来得真实。其实,人眼也并不是完全可靠的,也会产生各种各样的视错觉。

线段长短的错觉。在两条一样长的线段的两端,分别加上不同方向的箭头(图a),看起来向内箭头的线段似乎比向外箭头的线段长一些。

角度大小的错觉。图b的α角和β角是一样大的,但由于α角包括一个较小的角,而β角包括一个较大的角,结果,α角看上去比β角大一些。

面积大小的错觉。图c的A和B是面积相等、形状相同的几何图形,但A的面积看上去比B的面积大。

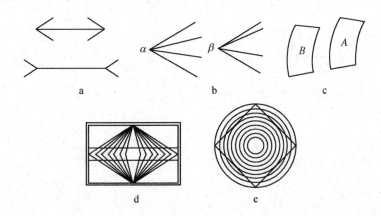

141

线条曲直的错觉。图 d 的两条直线本来是互相平行的,被一组菱形分割后,使这两条平行直线似乎变成了曲线。

图形变形的错觉。图 e 的那个正方形,被一组同心圆(圆心就在正方形两条对角线的交点上)分割后,这个正方形的四条边看上去向内弯曲了。

空中红绿灯

为了指挥地面交通,在十字路口都装有红绿灯。为了保证空中飞行的安全,也需要红绿灯的帮忙,但这种红绿灯当然不能挂在天空中,而是装在每架飞机左右机翼的两端和尾部。从飞行员的位置来看,飞机的左翼尖装红灯(图 a),右翼尖装绿灯(图 b),而机尾上装白灯(图 d)。这三盏灯可以一直亮着,也可以是闪烁的。

驾驶飞机进行夜航的飞行员,如果看到前方有红、绿两灯在闪亮(图 c),说明有一架飞机与自己在同一高度上且迎面而来,这种情况

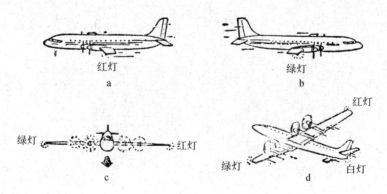

表明两架飞机有对撞的危险，必须设法避开。如果只看到有一灯（或红或绿）在闪亮，那就说明来机在自己左侧（看见红灯）或右侧（看见绿灯），如果三盏灯同时看见，这表明来机在自己的上空或下空飞行，这两种情况都是没有危险的。

当然，真正的空中交通指挥除了这种灯光指示外，主要靠雷达来探测，同时还要对定期航班的飞机规定一定的航线等。

伽利略的失败

16 世纪 30 年代，伽利略就提出一种测量光速的方法，这和他测量声速的方法很相似。

一个黑沉沉的夜晚，伽利略和他的助手到佛罗伦萨郊外，面对面地站在相隔几千米的两个山头上，手上各自拿一盏有遮光板的提灯。实验开始时，伽利略先打开自己手上的灯。当灯光传到他的助手处时，助手按照事先约定，一看到灯光，便立即打开他自己手中的那盏灯。伽利略设想，只要测出从他打开灯，到他看见助手的灯光所经历的时间，再测量出两个山头之间的距离，不就可以求出光的传播速度了吗？

从原理上讲，伽利略的方法是对的，实际上却行不通，原因在于光的传播速度实在太快了。现在我们知道，光速约为30万千米／秒，如果两个山头相隔 15 千米，光信号来回走一趟只要万分之一秒的时间。这么短暂的一刹那，比人从眼睛看见光信号到动手去打开灯罩所花的反应时间要短得多。因此，伽利略所测得的不是光信号在两

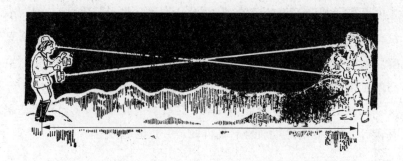

个山头之间来回传递所花的时间,而是助手的反应时间。伽利略的实验没有取得预期的结果,却使人们认识到,不能用通常测量速度的方法去测量光速。

劈开光束

　　伽利略测量光速失败的原因,在于他无法测量出极短的时间间隔,1849 年,法国物理学家菲佐设计了一个巧妙的实验,能记录光信号从发射到返回的确切时间间隔,终于解决了这个难题。

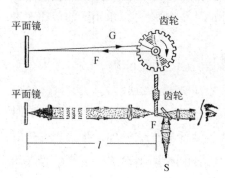

　　菲佐的方法称为"遮断法"。他设计了一个转动速度可以连续调整的齿轮,如图所示,让从光源 S 发出的光脉冲从一个齿隙 F 中穿过,射到放置在远处距离为 l 的平面镜上,再依原路反射回来。反射

光如果刚好被邻近 F 的一个齿挡住,观测者在齿轮的背面就看不到光信号。此时把齿轮转动的速度加快,直到转动的角速度为某个数值 ω 时,反射光恰好从 F 的下一个齿隙 G 中穿过。这时,观测者就能看见光信号。光脉冲从齿隙 F 中穿出去,经反射后又从齿隙 G 中回来,经过的距离为 $2l$,所花时间为 $2l/c$,其中 c 为光速。在这段时间内,齿轮转过的角距离为 2θ。由于齿轮的角速度为 ω,转过角距离 2θ 所花时间为 $2\theta/\omega$,这段时间等于光脉冲在齿轮和平面镜之间往返一次所花的时间,于是我们得到

$$2\theta/\omega = 2l/c,$$

即
$$c = \omega l/\theta,$$

测出该齿轮一个齿所对应的中心角 θ,量出齿轮到平面镜的距离 l,再记下从看不见反射光到第一次看见光信号时齿轮的转速 ω,就能算出光速 c。菲佐测得的光速值为 313 300 千米／秒。

在菲佐法的启示下,物理学家们又设计出好几种实验室测光速的方法。较早的是法国科学家傅科于 1862 年发明的转镜法,他利用一面高速旋转的反射镜,代替菲佐法中的齿轮来遮断光速,这样测得的光速值为 298 000 千米／秒。美国物理学家米切尔森把齿轮法和转镜法结合起来,用一个旋转的正八面钢质棱镜代替齿隙的作用,测得光速为 299 796 千米／秒。

速度极限

在以 1 马赫(1 倍声速)速度飞行的喷气式战斗机上发射一枚

导弹，它相对于这架飞机的速度也是 1 马赫。那么，根据速度合成公式，在地面上的人看来，这枚导弹将以 2 马赫的速度向前射去。

但是，如果有一枚光子火箭，它正以 1 倍光速向前运动，从这枚火箭上向前射出一束激光，那么这束光相对于地球上的观察者来说，是否会以 2 倍的光速向前传播呢？不会。这样的事绝不会发生。光速是我们目前所知的自然界速度的"绝对冠军"，是运动速度的极限。我们从光子火箭上发射一束光，不论对光子火箭上的观察者还是地面上的观察者来说，它的速度都一样是极限速度，再没有快慢之分。光在真空中的速度永远不变，不管在什么观察系统里测量它，也不管发射光束的光源是否在运动，其结果都一样。

光速始终不变，这无疑是个重要的发现，却使经典物理学的某些原理，比方说，使经典的速度变换公式变得不适用了。怎么办？爱因斯坦创立的相对论，解决了这个难题。

在相对论里，以速度 v_1 和 v_2 运动的两个物体的速度相加公式可表示为

$$v = \frac{v_1 \pm v_2}{1 \pm \dfrac{v_1 v_2}{c^2}},$$

其中 c 是光速。根据这个公式来计算,光子火箭上发射的光束对于地面的速度 v 是多少? 将 $v_1 = c$, $v_2 = c$ 代入这个公式就得到 $v = c$, 即这束光对于地面也以光速运动。如果火箭以小于光速的任何速度 v_1 运动,只要以 $v_2 = c$ 代入上式,还是得到 $v = c$。由此看来,在 v_1 或 v_2 这两个速度中,只要有一个等于光速 c,不管另一个速度多大,得出的结果总是 $v = c$。

从"狭义"到"广义"

相对论为什么有"狭义"和"广义"之分? 这和物理学中的"相对性原理"的推广范围有关。为了观察和描述物体的运动,需要有一个参照的标准。例如,从飞机内部看机上的乘客,他是坐在那儿不动的;从地面来观察,乘客却随飞机一起飞行。究竟这乘客是静止还是在运动,就看观察者所参照的标准了。物理学上,把这种参照标准称为"参考系"。参考系又可以分为惯性系和非惯性系两大类。我们在观察地面上的运动物体时,可以把地球和相对于地球静止或作匀速直线运动的参考系统近似地当作惯性系。在研究地球或其他行星的运动时,就要以太阳和相对于太阳静止或作匀速直线运动的参考系统作为惯性系。相对于惯性系有加速运动的参考系统为非惯性系。非惯性系亦称"加速系"。

相对论的核心思想之一是"相对性原理"。在不同的参考系里运动的物体是否遵循同样的规律呢？例如，在一艘匀速直线航行的海轮上和在地面上一个静止实验室里分头作力学实验：两只摆长相同的摆钟，它们的摆动周期是否一样呢？在两根一样的弹簧下各挂1千克的砝码，它们的伸长是否一样呢？在相同的高度上，让两块一样质量的铁块自由下落，它们是否同时落到地上呢？……早在力学发展的初期，物理学家们就总结出，所有的惯性系中，力学运动的规律都相同，这就是经典力学的相对性原理。

19世纪中，电磁学有了很大的发展，经典的电磁理论建立起来并趋于完备，这为相对论的诞生准备了摇篮。爱因斯坦把经典力学中的相对性原理推广到包括电磁学在内的整个物理学领域，建立了新的相对性原理，即：物理规律（不仅是力学规律，也包括电磁运动的规律）在所有的惯性系中都是一样的。而在广义相对论中，爱因斯坦又把这个原理作了进一步的推广，即：物理规律不仅在所有惯性系中都一样，而且在所有的加速系中也相同。换句话说，物理规律在所有的参考系中都一样。

由于相对性原理先是在惯性系中，从力学规律推广到所有的物理规律，后来又在广泛的意义上推广到所有的参考系，这就使相对论有了"狭义"和"广义"之分。

超级钻孔术

随着科技的发展,工业上对钻孔的要求越来越高。例如,手表上用的轴承是用宝石做的,在比钢还要坚硬的宝石上,需要钻出一个像针眼般大小的孔。过去是采用头发丝那样粗细的钨丝做钻头,再沾上金刚砂粉进行钻孔。这样钻一个孔要经过 7 道工序,花费十几分钟时间。由于宝石本身很坚硬,加上钨丝钻头又很细,所以,每只钻头平均打五六个孔后就要报废。显然,若要大量生产手表,用旧的加工方法生产宝石轴承不能满足需要。

激光出现后不久,科学家就把它应用到打孔技术上,研制成功激光打孔机。激光打孔实际上不是"钻"而是"烧"。用一块凸透镜把太阳光聚焦,能够把一张纸片烧出一个洞来。当然,利用聚焦的太阳光把钢板烧穿,是十分困难的。但是激光器发射激光的亮度比太阳高出上亿倍,如果用透镜把激光聚焦,就能把金属板烧出孔来。

采用激光打孔技术生产钟表宝石轴承,工序较少,过去用 7 道工序才能完成的工作,现在只要一道工序就行了。加工所需时间也大为缩短,1 秒钟可以打 10 多个孔。而且,打孔的质量大大提高,产品合格率由旧工艺的 80% 左右,迅速提高到95%。采用激光打孔技术加工化纤喷丝头，在直径不到10厘米的硬质合金上，钻1万个直径相同的小孔，原先需要四五个工人加工一星期的任务，现在一个工人干2小时就可完成。

照相机的进化

不论哪种照相机，必须包括几个系统：一是成像系统，包括镜头、光圈、暗箱(机身)等；二是储存系统，如感光板、胶片、内存条等。随着科技水平的不断提高，照相机也不断进化。

1839年，法国的达盖尔公布了他发明的达盖尔银版摄影术，并制成世界上第一台可携式木箱照相机。从此，由镜头、暗箱及感光材料组成的照相机基本系统开始形成。

1884年，美国柯达公司生产出将卤化银感光乳剂涂在明胶片基上的新型感光材料——胶卷。1888年，柯达公司发明了世界上第一台安装胶卷的可携式照相机，其操作极为简单，为照相机的普及创造了条件。

1913年，德国的巴纳克研制出第一台使用35毫米胶卷的小型莱卡135型照相机，它小巧轻便，使用一卷36张以上的胶卷。这是照相机发展史上的重要转折点，照相机由此跨入高级光学和精密机械的技术时代。

1935年，照相机开始使用利用硒光电池实现光电转换的曝光表。20世纪60年代，照相机进入电子化时代，开始应用硫化镉光敏电阻及纽扣电池作光源，实现了测光自动化。而照相机的快门光圈也逐步实现了半自动化。20 世纪 70 年代，一种装有广角镜头，使用塑料机身的全自动小型照相机风靡世界，它也被称为"傻瓜照相机"，意思是摄影者即使什么都不懂，只要按一下快门就可以照相了。

20 世纪 80 年代中期以来，微电脑的应用促进了照相机的高度智能化和自动化。1984 年，美国开发出第一代民用数码照相机样机，1988 年实现商品化进入市场。进入 21 世纪，数码相机已得到广泛的应用。数码照相机以数字形式保存图像，它不用胶卷，而是采用电荷耦合器件或互补金属氧化物半导体作为光电转换器，将感应到的光信号转换成电信号，并传输给数码相机的其他部件进行处理，其中，模−数信号处理器把光电转换器件捕获生成的模拟电信号转化为数字信号；存储器能存储大量数字信号；连接端口将数码照相机与打印机、计算机、电视机等数字电子设备连接起来，以便打印、处理、显示数码照片。

数码照相机拍照可以随时看到拍摄效果，若不满意可立即删除重拍，与传统照相机相比，它具有拍摄方便、减少误拍等许多优点。

核物理密码

hewulimima

X 射线热

　　1895 年冬天,德国物理学家伦琴在符茨堡大学的实验室里连续工作几天没有回家。他的妻子十分恼怒,以为丈夫有了外遇,要他说明几天未回的原因。伦琴并不作声,把妻子带到实验室,在那里给她的手拍了张奇怪的照片。他妻子在照片上看到的并不是一只纤纤玉手,而是手的骨骼,还有戴在手指上的结婚戒指的阴影。

　　原来,伦琴发现了一种重要的射线,这种射线具有很强的穿透性。那几天,伦琴正对克鲁克斯管的放电过程进行研究。一天,他忽然在黑暗的实验室里发现了一丝绿光,仔细一看,是一个氰亚铂酸钡的纸屏发出的荧光。他用一张普通的纸挡在纸屏前,可纸屏仍然发光,用一本书挡着,还是发光……伦琴断定,一定是克鲁克斯管中射出某种射线,它穿透了纸和书,使纸屏发光。他兴奋异常,一连工作了几天,用了各种物质企图挡住这种射线,但都未成功。由于伦琴对这种射线一无所知,就取名为"X 射线"。最后他用 X 射线给妻子拍了这张手骨骼的照片。

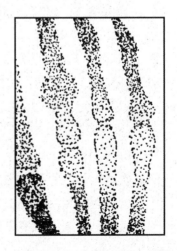

　　1896 年初,这张照片在维也纳《新自由报》上登出,顿时在整个欧洲引起轰动。这种具有穿透性的新奇的 X 射线,使科学家为之振奋,同时也引起公

众的哗然。无知的人们害怕流氓无赖会利用 X 射线透过衣服来窥视肉体。商人则乘机大发横财，伦敦一家内衣公司到处推销他们制造的"新式防 X 射线内衣"，并声称没有它，任何女士都不安全。

这股 X 射线热从欧洲又传到美国。美国著名的《生活》杂志曾发表过一幅漫画。漫画的上半幅是三对仕男淑女西装革履去赴宴的情景，下半幅却是这三对情人的骨架，看上去真吓人。画家的意思是，别看这些仕男淑女现在是这样神气，若要用 X 射线照一下的话，就成了一副副骨头架子了。当然，这位画家是在耸人听闻。不过这件事也足以说明 X 射线在当时风行到了什么程度。

上 虞 帖

《上虞帖》是东晋书法家王羲之的一件信札，真迹已丢失，传世的仅是后人的摹本，历来为人们所珍重，其上盖有宋徽宗赵佶的收藏印章和明代王府的收藏印章。一般认为，该摹本是唐摹本，但也有不同看法，因为《上虞帖》在宋代时有过刻本，刻本与摹本的字形有不一致的地方。所以，对摹本的鉴定，一直悬而未决，争论颇多。

以往，文物工作者通过对书法风格的比较分析，特别是将《上虞帖》与其他经赵佶收藏过的书画比较，发现赵佶收藏印章和盖印的格式相同。由于此印章比较清楚，在鉴定中没有遇到什么特殊的困难，认定该摹本存在于宋徽宗之前没有疑问。不过，摹本的确切年代仍然没有解决。要知道，从东晋到宋徽宗，其间有七八百年的时间！

怎么办？文物工作者发现，该摹本上还有一方朱印，但已完全看不清,以至在它的位置上,重叠盖有另一方小印。看来,要搞清《上虞帖》的年代,这方几乎看不见的朱印,是关键之所在。

为了弄清这方印章,文物工作者使用了软 X 射线摄影术,从而使《上虞帖》左下方的一颗"内合同印"清晰地显示出来。"内合同印"是五代南唐后主李煜的宫廷收藏印,在国内现存的书画中从未见过其庐山真面目,印文仅散见于有关记载。现在竟然在《上虞帖》中找到了它,不仅使我们第一次见到南唐宫廷收藏印的真容,而且为《上虞帖》的鉴定提供了重要的线索。它向人们指出,该摹本南唐时已藏入宫廷,远远早于北宋,所以《上虞帖》当是唐代摹本,基本上可以肯定下来了。

软 X 射线技术是 20 世纪 80 年代发展起来的技术。所谓软 X 射线,其射线的波长比通常所说的 X 射线长,在 $0.6 \times 10^{-10} \sim 0.9 \times 10^{-10}$ 米之间。X 射线的波长越短,其穿透能力越强。软 X 射线的波长较长,对于金属来说,它无力穿透,但对于低原子序数的非金属、轻金属、动植物以及人体软组织等,就比较容易穿透。《上虞帖》上的"内合同印",虽经历久远的年代,早已模糊不清,但它是盖在纸上的,总会有部分印泥(氧化汞)渗透入纸层内部。所以,根据软 X 射线能穿透纸张而对重金属汞元素不易穿透的道理,就不难理解所拍摄得的照片为什么能使原来模糊的印章清晰地显现出来。

阴雨天的意外发现

伦琴发现 X 射线之后,欧洲掀起了一股 X 射线热,许多科学家都改行搞起这项热门的研究来了,其中有法国物理学家贝可勒尔。

他研究的是一种矿石。这种矿石在阳光照射下,除了发射荧光之外,会不会发出 X 射线来? 他想研究个明白。

贝可勒尔想了一个简单而巧妙的办法:他在矿石下放一张用黑纸包着的照相底片,太阳光和矿石发出的荧光都不能穿透黑纸使底片感光,只有 X 射线能穿透黑纸使底片感光。因此,只要检查底片是否被感光,就能知道这种矿石会不会发射 X 射线了。

1896 年春天,他开始做实验。不巧得很,有几天连续阴雨,没有太阳光,实验无法进行。他只好把黑纸包着的一叠底片放进抽屉,等待天晴,并顺手就把那块矿石压在黑纸包上面。

几天之后,天气转晴,贝可勒尔开始准备做实验。这位细心的科学家想,黑纸包是否漏光? 要是漏光的话,那么底片早就感光了,实验不是白做了吗? 想到这里,他就从放在抽屉里的那叠底片中,抽了几张,拿去冲洗。

看了冲洗出来的照片,贝可勒尔大吃一惊。原来,那几张底片由于受到强烈的照射而感光了,感光部分的形状正好与那块矿石的形状相一致。激动万分的贝可勒尔又把其余的底片全部拿去冲洗。结果,每张底片上都留下了那块矿石的影子。

这不可能是漏光造成的,必定有另一种因素在起作用。经过连续几天的反复实验和深入分析,贝可勒尔断定,使底片感光的是矿石中的铀元素放出的一种射线。天然铀具有的这种放射性称为"天然放射性",贝可勒尔因发现自发放射性现象,和居里夫妇共享了 1903 年诺贝尔物理学奖。

铀本是一种不为人们所重视的金属,因为它没有多大实用价值。玻璃工人只把它当着色剂使用,在熔炼彩色玻璃时掺进一点铀盐,就能使玻璃显出鲜艳的色彩来。由于贝可勒尔的发现,铀受到科学家前所未有的重视,顿时身价百倍。后来,当铀能被用来制造原子弹时,它的地位更上升到了"战略物资"的高度。

炮弹被纸片弹了回来

自从英国物理学家 J.J. 汤姆生在研究阴极射线时发现了电子后,人们开始认识到原子中包含有电子。不过,电子是带负电的粒子,而原子是呈电中性的,所以,原子中一定还存在着带正电的粒子。这种带正电的粒子到底是什么东西呢?

1906 年,英国物理学家卢瑟福做了一个著名的实验。他用一种比原子小、但速度很高的带正电的粒子做"炮弹",去轰击原子,以探测原子内的虚实。这种粒子"炮弹"就是天然放射性元素放射出来的 α 粒子。实验时,他让 α 粒子流打在一块荧光屏上,根据屏上的闪光点来判断 α 粒子打在什么地方。然后,他又在 α 粒子到荧光屏途中放上一片非常薄的金箔,看它对 α 粒子的飞行有什么影响。结果卢瑟福发现,在穿过金箔时,绝大多数 α 粒子畅通无阻,如入"无人之境",走的是一条直线。可是也有少数 α 粒子拐了弯,打到旁处去了,极个别的粒子竟像是碰到很"硬"的东西一样,又弹了回来。这件事使卢瑟福大吃一惊，他在描述这一现象时说："那真是我一生遇到的最难以置信的事了。它几乎就像你用 15 英寸（合 38.1 厘米）的炮弹来射击一张薄纸，而炮弹返回来击中了你那样地令人难以置信。"的确，α 粒子的质量是电子的 7 000 多倍，它碰到电子就像炮弹碰到灰尘一样，运动方向不会改变，因此可以推断，α 粒子一定是碰到了原子中带正电的粒子才拐弯的，而这种带正电的粒子一定是重而坚实的，否则就不会有一些 α 粒子拐大弯；它又一定很小，不容易被 α 粒子碰到，不然，绝大多数的 α 粒子不会毫无阻挡地笔直穿过射到荧光屏上。

原子中这个带正电的粒子，卢瑟福称它为"原子核"。

从实验测量可知，各种原子的原子核的半径，大多在一万亿分之一厘米到一千亿分之一厘米之间，就是说，它只有原子半径的十万分之一左右。难怪在卢瑟福的实验中，很少有 α 粒子能侥幸碰上原子核。

原子核虽然很小，但它却几乎集中了整个原子的质量，因此它的密度极大。根据计算，核内物质的密度大约为每立方厘米 1 亿吨！假如把原子核一个个排起来，装满一只火柴盒，那么，这只火柴盒的质量抵得上整个喜马拉雅山。这样超高密度的物质，人们在地球上是从未碰到过的。然而近年来，天文学家在广阔的宇宙中，却发现了

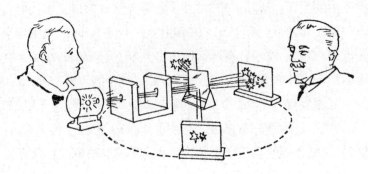

这样超高密度的天体。这说明,在星际空间中,有些天体完全是由原子核组成的。另有一种说法认为,这种超高密度天体的形成,是由于这些天体内部存在着超高压强作用,从而把原子中的电子也压到原子核里面去了。

紫外线的"灾难"

人们早就知道,物体被加热后会发出光来。开始时呈暗红色,随着温度上升,物体发光的颜色由红变黄,并向蓝白色过渡。当物体的温度达到上千摄氏度时,就会发出耀眼的白炽光。由于物体的温度和发光的颜色之间有一定的联系,所以有经验的炼钢工人能根据钢水的颜色(也就是钢水所发出的光的颜色)来判断钢水的温度。物体因温度升高而发光的现象,在物理学上称为"热辐射"。

科学家是喜欢追根究底的。物体因加热发光时,它的温度和所发光的颜色(或者说是波长)之间究竟存在着什么样的关系呢?

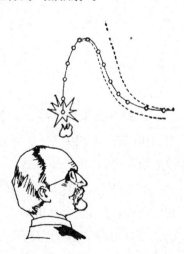

19 世纪后期,德国的维恩、英国的瑞利和金斯推导出有关热辐射规律的两个公式。利用这两个公式,人们可以求出热辐射物体发出某一波长的光的能量是多少。这种关系在物理学上称为"能量按发光波长的分布"。

但是,这两个公式都只符合实验结果的一部分:物体发光的波长较长(即发红光或黄光)时,瑞利-金斯公式和实验结果相一致;波长较短(发绿光或蓝光)时,维恩公式与实验相符合。当物体发光的波长更短,变成眼睛看不见的紫外线时,这两个公式都不能解释实验结果。紫外线给热辐射公式带来的"灾难",使物理学家伤透了脑筋。

这种理论与实验相矛盾之事,在物理学发展史上比比皆是,所以当时人们也不把它当作一件很大的事。但是,有洞察力的物理学家还是预感到这里面存在着危机。著名物理学家开尔文把这种情况称为"在物理学晴朗天空的远处,还有两朵令人不安的小小的乌云"。一朵就是关于热辐射实验的紫外线的"灾难",另一朵是为了验证光以太存在而进行的迈克耳孙-莫雷实验。开尔文很有眼力,就是这两朵"乌云"给物理学带来一场大变革的暴风雨,在此基础上,诞生了现代物理学的两大支柱:量子论和相对论。

γ 刀

γ 射线是放射性同位素衰变或核反应过程中发出的一种射线,它与可见光、无线电波、X 射线一样,本质上都是电磁波,只是 γ 射线的波长更短、光子能量更大。

γ 射线的穿透力比 X 射线强很多,这使它获得许多独特的应用。例如,在工业上可用 γ 射线进行金属探伤。飞机、火车、轮船上的主轴是用大型钢材锻压而成的,一般的 X 射线探伤仪中的 X 射线无法穿透它们,探测不到里面有没有砂眼或裂缝,以前用破坏法抽样检查,可靠性差又浪费材料。

在医学上,可用 γ 射线治疗肿瘤。为了克服传统的放射性治疗肿瘤在杀死肿瘤细胞的同时,也破坏正常细胞的缺点,让多束从不同方向射出的 γ 射线聚焦在肿瘤所在的部位,使交点处 γ 射线的剂量非常大,而其他部位的正常细胞只受到其中一束 γ 射线的照射,因而不会被误伤,达到了既杀死肿瘤细胞又保护正常细胞的作用,这就是 γ 刀。

微观世界的 "脚手架"

1926 年夏天,美国物理学家戴维森到英国访问,巧遇德国的玻恩教授。这位量子力学的祖师爷告诉戴维森,欧洲大陆的物理学家这几年在量子力学方面取得了令人振奋的进展。他特别提到了 1924 年法国的一位改行的青年历史学家德布罗意提出的一个有趣的想法:"既然传统上认为具有典型波动性的光在某些场合下能显示粒子性,那么,传统上具有典型粒子性的电子,在某种场合下能不能显示出波动性来呢? 这是迄今无法验证的一个'悬案'。"

言者无意,听者有心。听得出神的戴维森忽然想起了一件事:1925 年 4 月的一天,他和同事杰默像往常一样在著名的贝尔电话实验室里做实验,用一束电子去轰击放在高真空的玻璃容器里的一块镍片,期望能撞出一些新的电子来。那天做实验时因意外事故空气进入容器,使里面的镍片氧化。由于这项实验需要很纯的镍片,

所以他们不得不把氧化后的镍片取出来，一面加热，一面把氧化层洗刷掉。当他们用洗清的镍片继续做实验时，却得到一张奇怪的照片（图左）：一圈一圈的同心圆，明暗相间地排列着，很像光经过小孔衍射后的照片。

当初，他们面对这么一张衍射照片百思不得其解。现在，玻恩教授介绍的德布罗意关于电子可能具有波动性的观点，使戴维森恍然大悟。原来他和杰默拍到的这张奇怪的照片，竟然是发现电子具有波动性的重要证据。

要证明电子具有波动性，就必须让电子流遇到障碍物后产生衍射现象，任何一种波要产生衍射现象，只有当它所遇到的障碍物和它的波长相比差不了多少时才行。根据德布罗意的计算，电子波的波长只有光波的 1/1 000 左右。哪儿有这么小的"针孔"可以让电子在钻过去时产生衍射现象呢？

自然界某些金属的单晶体里，金属原子整整齐齐地排列，形成了像造房子搭的脚手架那样的网格。不过这种网格太小了，一格只有光波长的 1/1 000～1/100 那么一点大。然而，这样的小网格用来显示电子的波动性倒是非常合适的，因为它们大小相配，电子钻过这些小网格时就会产生衍射现象。镍在通常情况下是多晶体，它里面的原子排列得不整齐，好像一堆乱木头横七竖八地堆在那里。戴维森和杰默在那次意外事故中，把镍片处理后恰好使它变成了单晶体，所以，当电子束射上去后就产生了衍射现象。这真太凑巧了。

茅塞顿开

奥地利物理学家薛定谔,早在青年时期就对玻尔的原子理论有了看法。他认为玻尔的理论并不是一种彻底的原子理论,硬性规定电子只能在那些指定的轨道上运动,就是最突出的例子。因为轨道运动是经典物理学描述物体运动的方法,牛顿就是根据万有引力理论来描写地球绕太阳的轨道运动的。而现在,玻尔却把这一套搬到了原子世界中来,这是不合理的。薛定谔深信,原子世界应该有自己独特的一套规律,可是怎样来建立描述原子运动的方程式呢?

德布罗意关于电子和一切微观粒子既是粒子又是波的想法,给了薛定谔很大的启发。他想,原子世界也许服从一个既能描述粒子的运动,又能描述波的运动的方程式,他开始去寻找这个神奇的方程式了。

开始,薛定谔感到无从着手。有一天,在翻阅一本经典力学的参考书时,书中谈到的一段经典力学发展历史给了他很大启发。英国数学家哈密顿,曾经将经典力学中用来描写质点运动的方程式加以改造,使它也可以用来描写光的运动。薛定谔想,能不能倒过来把描写波的运动方程式加以改造,用来描写粒子的运动呢?这么一想,他茅塞顿开。几个月后,他终于找到了一个新的方程式,现在人们把它称为"薛定谔方程"。

有了薛定谔方程,玻尔理论中那些怪现象就被一扫而光。电子的古怪行为首先得到解释。电子并不是只能待在那些轨道上,而不

能去别的地方。在薛定谔方程中，电子可以出现在原子世界的任何一处，只是它在玻尔轨道上出现的机会多，在轨道以外的地方出现的可能性极小。由于电子在原子中的运动，几乎到处可以出现，发疯似的电子已经没有明确的轨迹了，代之以一片"电子云"，电子就躲在这片云中。电子云较稠密的地方，就是电子较容易出现的地方；反之，电子云较稀薄(看上去较透明)的地方，就是电子很少光临的地方。上面这张图里就是九张电子云的"照片"。请注意，照片两个字打上引号，是表示这并非真的电子云照片，它们不过是根据薛定谔方程想象出来的模型而已。对物理学家来说，这已经很令人满足了。

薛定谔猫

20世纪20年代起，作为物理学两大支柱之一的量子物理学得到迅速发展。这门物理科学描述事物的语言，与经典物理学大相径庭。例如，经典力学描述某粒子的状态为：某时刻某粒子在甲地，而不在乙地。然而，量子力学则说：某时刻某粒子在甲地的概率为百分之几，在乙地的概率为百分之几。许多人(包括那些赞成量子力学的人)都觉得粒子可以同时既在甲地，又在乙地；或者既在甲地，又不在甲地。这种模棱两可的描述是不完备的。1935 年,量子力学创始人薛定谔提出了一个佯谬,被后人称为"薛定谔猫"。

薛定谔设计了一个"杀猫实验"。如图所示,把一只猫和一个装有极毒氢氰酸的小瓶一起放在一密闭的钢箱里。箱里还有盖革计数器和相连的传动装置,同时还放有少量放射性物质,它们的量极少,以至在 1 小时内平均只有 1 个原子发生衰变。放射性物质的原子衰变时放出的射线被盖革计数器接收后放大,产生一个电脉冲,触发传动装置把药瓶打破,于是毒气被释放出来,把猫毒死。若无原子衰变,则猫还活着。量子力学指出,整个系统的波函数 ψ 将取如下形式:代表活猫那部分的波函数 $\varphi_{活}$ 和代表死猫的那部分波函数 $\varphi_{死}$ 混合在一起,即

$$\psi = \frac{1}{\sqrt{2}}\varphi_{活} + \frac{1}{\sqrt{2}}\varphi_{死}$$

薛定谔认为,这里猫的死活是不确定的,猫处于既死又活的状态,表明量子力学对事物的描述是不完备的。

以丹麦物理学家玻尔为首的哥本哈根学派却认为,猫是死是活只要打开箱盖一看就知道了。薛定谔派又提出,猫在开箱之前死活

已定,与观测者开箱观测与否无关。从此,两派争论不休,促使认识不断深化。20世纪60年代后,哥本哈根派指出,猫是宏观物体,它的死活应该用经典物理学理论去描述,即这只猫非死即活,或非活即死,不会出现既死又活的混合态。他们认为薛定谔的"杀猫实验"混淆了宏观物理与微观物理的界限,所以得不出正确的结论。进一步深入的讨论,把问题归结为寻找适合量子力学描述的"量子猫"。20世纪90年代,有些量子物理学家以某种原子(或离子)作为"量子猫",进行"杀猫实验"。证实"量子猫"(微观粒子)的确存在处于不同定态的混合态(既死又活),并通过实验操作,使其按一定概率跃迁到其中一定态(相当于杀死了猫)。此类实验中的"量子猫"的统计特征显露无遗。

进一步的研究表明不同粒子及其量子态彼此间会发生非定域关联,叫做"量子纠缠"。现在,"量子纠缠"问题的研究已成为量子计算机设计的重要基础。

高空中的意外发现

1901年,英国的几位物理学家发现,在附近没有放置放射性物质的情况下,放在实验室里的几台带电的验电器,时间稍长自己也能够偷偷地把电荷放掉。最初,他们以为这是仪器的绝缘出了问题,没有在意。后来发觉,无论怎样改善仪器的绝缘性能,也消除不了这种漏电现象。这使他们感到惊诧。为了查清验电器漏电的原因,他们把验电器装在密封的铅盒子里屏蔽起来,以减少外界对它的影响和干扰。但仍未能得到根本的消除。这时，他们敏锐地认识到，验电器的漏电，一定是有某种穿透性很强的射线穿过室内引起空气电离造成的。此后经过多方面的观测发现，不仅仅是在实验室内，靠近地面的整个大气层都处于微弱的电离状态之中，这表明，引起空气电离的射线无所不在。当时对这种射线的来源有一种解释，认为它是由散布在地壳中的微量的天然放射性元素发射出来的。这种说法对不对呢？

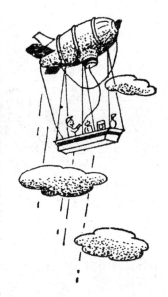

　　这个问题引起了瑞士物理学家高凯耳的深思。他想，如果这种说法正确的话，那么，这种来自地壳内的射线的强度，应当随着离开地面高度的增加而减弱，而在射线达不到的高度上，空气就应当不再是电离的。可以设想，验电器被带到这样的高度以上，将会完全停止放电。为了证实这一点，1909 年，他带着验电器亲自去高空中做了一次实验。气球在 1 000 米的高度内升高时，高凯耳看到验电器放电的速度逐渐减慢下来了，不过还不是预料中的完全停止放电。气球继续在上升，2 000 米、3 000 米……气球越升越高，可是验电器呢？不仅一直没有停下放电的"步伐"，放电速度反而越来越快了！

　　高凯耳这次实验的结果是如此令人不解和出乎意料，有关这次实验的报道受到了同行们的怀疑。为了弄清事实的真相，许多科学家决定重复高凯耳的实验。1911—1919 年近十年的时间内，奥地利物理学家赫斯和德国物理学家科尔赫斯特等人，先后用气球升到更高的空中进行探测实验。结果发现，气球升得越高，空气电离越厉

害，比如，在5 000米的高空，空气的电离量比地面大2倍，而在9 200米的高空，空气的电离量竟比地面大10倍！

这几位科学家在高空中进行的实地观测表明，引起空气电离的射线决不会来自地球，而只能来源于"天外"。进一步的观测还表明，这种天外飞来的射线，与太阳、月亮、行星或星系的位置无关，而是发源于整个宇宙空间。因此，科学家就称它为"宇宙射线"。

母系社会

放射性元素是不稳定的，它的原子在放射 α 粒子或 β 粒子后，就变成了另一种元素的原子，这一过程就是放射性衰变。例如，铀原子失去了一个 α 粒子后，就变成了钍原子；镭原子放出一个 α 粒子，会变成氡原子。而钍和氡仍然是放射性元素，它们还会放出射线而变成另外的放射性元素。如此下去，不是没完没了吗？不会的。当这种变化过程进行到铅时就终止了，因为铅原子再也不会放出点什么东西而变成另一种原子了，它是十分稳定的原子。

科学研究的结果表明，地球上现存的天然放射性元素，归纳起来都是由铀、钍、锕这三位"老祖母"繁殖出来的后代。这三种放射性元素就称为"母元素"。每一位老祖母都繁殖出一个家族系的儿女、孙儿……直到最后变成铅为止。地球上现存的天然放射性元素,都属于三个"母系社会",而她们的最末一代,都是稳定元素——铅。

就跟一个人有他的一生一样,一种放射性元素的原子在放出 α 粒子或 β 粒子后,就了结了这种原子的一生。一个地区有千千万万个人,虽然不是同时生、又同时死,但总有个"平均寿命"。

同样的道理,放射性物质里万万亿亿的原子也有它们的平均寿命。例如,1 千克铀一半要变成钍,或者说这块铀中一半的原子要结束它们的一生变成钍原子,得花多少时间呢?答案是 45 亿年!而剩下的 0.5 千克铀里的一半(0.25 千克),再要变成钍,还得花 45 亿年。然后,0.25 千克铀的一半(0.125 千克)要变成钍,得再花 45 亿年。

一块铀(或者别的放射性元素)需要多久才能把它的原子中的一半变成另一种原子,这段时间称为该放射性元素的"半衰期"。

铀的半衰期是 45 亿年,这是很长的寿命,要知道太阳系形成到今天,也不过是四五十亿年。钍的半衰期更长,为 140 亿年。自从地壳形成以来,只有 1/6 的钍原子发生衰变,其他 5/6 的原始钍原子还保留至今,完好无损呢。镭的半衰期是 1 620 年,钋的半衰期只有 100 年。钫是个"短命鬼",它的半衰期只有 21 分钟。由于它很快就变成其他元素了,所以,在地球上要找天然存在的钫很不容易。

孪生姐妹难分离

原子弹里的"炸药"是铀,地球上的铀元素大部分存在于海水之中,只有少部分分散在一些岩石中,作为铀矿而较集中存在的更属极少数,常见的花岗岩中只含有百万分之几的铀。因此,铀矿的勘探、开采和提炼是十分困难的工作,同时,铀是具有强烈放射性的物质,铀的化合物是烈性毒物,因此,铀的提炼更是一件危险的事。然而,从研制原子弹的角度来看,最困难的却是铀同位素的分离。

天然铀主要是三种同位素的混合物,它们在天然铀中的含量分别为:铀-238(99.28%),铀-235(0.714%),铀-234(0.006%)。目前,原子能工业中用的主要是铀-235。用于反应堆作燃料时,要求铀-235的浓度为3%;用于核武器作炸药(浓缩铀)时,其浓度需达90%以上才能爆炸。为此,必须对天然铀进行浓缩和同位素分离,以大大提高铀-235的含量。

某元素的同位素的物理、化学性质很相似,主要的差别是构成原子核的中子数有多有少,这导致同位素原子核质量的不同。形象地说,同位素犹如"孪生姐妹",她们的相貌和性格相似,唯有体重不一样。要辨认谁是"姐姐",谁是"妹妹",只有通过称体重才能区别。同样的道理,人们主要根据原子核质量上的差异,来进行铀同位素的分离。

铀同位素分离的技术叫"气体扩散法"。当两种不同质量的分子混合而成的气体处于热平衡时,轻分子的平均速率将大于重分子的平均速率。因此,在原则上可以利用轻重分子平均速率的差别来分离同位素。铀是金属,因此首先用化学方法将它变成气态的六氟化铀,然后使这种有腐蚀性的气体在一定压力下穿过多孔隔板(小孔直径要小于0.01微米,还要求耐腐蚀),因为较轻的六氟化铀-235的平均速率比较重的六氟化铀-238的平均速率大,穿过隔板就较快。经过一段时间后,在穿过隔板的气体中,铀-235的浓度就会逐渐增加。但是，由于铀-235 和铀-238 的质量相差甚少，因而它们的平均速度很接近，单靠一级隔板来分离是不行的，必须把仪器一级一级几千级串起来。

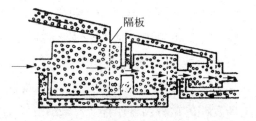

隔板

气体扩散工厂纵然规模很大，但是一个月的产量还不够制造一颗原子弹所需的核炸药(约 20 千克)！

第二次世界大战期间，美国有 3 座气体扩散工厂日夜开工生产原子弹所用的浓缩铀，这 3 座工厂的总耗电量约占当时美国总发电量的 15%。一座现代化大型气体扩散工厂占地达 24 万平方米。这就是铀的价格远比同样重量的黄金还高的原因。

两兄弟同住一室

20 世纪 30 年代，电子的发现者 J.J. 汤姆生开始研究氖气的原子。他让一束阴极射线电子从氖气中通过，电子中一小部分正好打中一些氖原子，把里面的电子撞掉一个，剩下来的就是带有一个正电荷的氖离子。氖离子像电子一样可以在电场中移动，只是移动方向相反。氖离子在运动过程中遇到迎面而来的电子就会把它"抓住"，来弥补自己失去的那个电子，又重新变成了氖原子，并发出美丽的红光来。

阿斯顿改进了汤姆生的实验仪器，他在放电管内氖离子所走路径的终端放一张照相底片，氖离子打在照相底片的什么地方，那里的照相乳胶就变黑，打上去的氖离子越多，那个黑斑就越大。阿斯顿还在放电管外面放上一块大磁铁，这样一来，原先走直线运动的氖离子，现在沿着弯曲的路线运动了。根据弯曲的程度，推算出氖离子在磁场中受到的作用力，就可以算出氖离子的质量。阿斯顿所发明的这种仪器叫作"质谱仪"，有了质谱仪，人们就可以称量原子了。

阿斯顿知道化学家测出氯原子量有小数，为 35.5 时，他决定用他的质谱仪精确地测定一下氯的原子量，结果他称出来的也有小数，为 35.457。为什么有小数呢？难道原子核里有半个质子？经过好长时间的思索，有一天，一个新的念头突然闪现在他的脑海里：也许有两种氯原子，一种较重，另一种较轻，它们混在一起，它们的原子量加在一起平均一下就产生小数。心情激动的阿斯顿奔进实验室，他换上一个强大的磁场，这下氯原子显原形了。照相底片显示，原来由氯原子产生的黑斑，现在分成互相毗邻的两个黑斑了，一个大一点，另一个小一点。根据较大黑斑所在位置偏离直线的程度，算出它的氯原子量是 35；根据较小黑斑算出的氯原子量是 37。较大的黑斑意味着打在照相底片上的氯离子较多，由此推算出原子量分别为 35 和 37 的两种氯原子的混合比例为 4∶1。根据这样推算出来，氯的原子量是 35.4，理论和实验是符合的。

后来，英国化学家索迪把那些除了原子量不同、在其他方面都相同的原子，看作是同一元素的不同变种，它们在周期表上占据同一个位置，这样一族元素叫"同位素"。氯有两种同位素氯-35 和氯-37，它们是一对"孪生兄弟"。

地狱炸弹

1952 年 11 月的头一天，美国在太平洋马绍尔群岛的一个珊瑚岛上进行了地球上第一次热核爆炸试验。这次爆炸的威力相当于 1 000 万吨 TNT 炸药爆炸的威力，是广岛爆炸的那颗原子弹爆炸力的 500 倍！这次爆炸是那样厉害，竟把那个小岛炸个精光。所有不祥的预言都应验了，人们担心，有朝一日发生一场热核战争的话，将把世界炸得像一座地狱。因此，有人把这种炸弹称为"地狱炸弹"。其实，这种炸弹的正式名称叫"氢弹"。

地球上的氢有三种同位素。通常的氢的原子核，只有单独一个质子，这种氢叫氢-1，它占了氢元素的绝大部分，它就是通常所说的氢。大约每 6 000 个氢原子中，有一个氢-2，它的原子核包括一个质子和一个中子，人们把这种氢称为"氘"（读作"刀"），又叫"重氢"。氢-2 比氢-1 要容易聚合，在其他条件都相同的情况下，氢-2 聚变所需的温度要低一些。

此外，还有一种氢-3，聚变时所需温度更低，但它的数量实在太少了。这种氢又叫"氚"（读作"川"），它的原子核有一个质子和两个中子，因为它比重氢还重，所以又叫"超重氢"。

根据爱因斯坦的质能公式计算，如果设法使氘或氚的原子核，在高温下通过激烈的碰撞合并成中等重量的原子核，在发生质量亏损的同时会释放出巨大的能量。这样一种核反应叫"热核反应"，又叫"聚变反应"。

进行热核反应首先要点火。这如同生炉子一样，先得点燃柴禾。用火柴点火时的温度只有上百摄氏度，可是，要实现聚变反应所需的点火温度是这个温度的几十万倍。根据费米的估算，要使氘和氚的混合气体实现热核反应，其点火温度至少要达到5000万摄氏度。而由纯粹的氘来实现热核反应，点火温度高达四五亿摄氏度。这么高的温度哪里来？原子弹的问世为此创造了条件。原子弹爆炸时，其中心温度高达几千万摄氏度乃至上亿摄氏度。因此，氢弹的"点火棍"正是原子弹。

太阳的寿命

地球上的生命是依存于太阳而存在的，万物生长靠太阳，没有太阳，地球上的生命就无法延续，所以我们有必要知道太阳的寿命和年龄。

太阳的寿命是多少？最简单的解释来自日常生活，把太阳当作冬天取暖的火炉，太阳是只大"煤球"，通过计算求得，像太阳这样的大煤球用不了1500年就会烧尽。看来化学能解释不了太阳燃烧的机制问题。第一个从科学角度探索太阳发热发光之谜的是德国物理学家亥姆霍兹，他提出，太阳的大气层中不断有物质掉向中心，这些物质在下落过程中不断将引力势能转换为光和热，并使温度上升，按此计算，太阳的寿命只有300万年，比当时估计的地球年龄还小得多。

放射性发现后，有人用重原子核裂变时会释放大量能量的事实，来解释太阳能量的来源,它虽然能把太阳的年龄提升到数亿年,但仍无法妥善解释太阳的发光发热之谜。真正的突破是在20世纪30年代,美籍德国物理学家贝特提出了氢原子核在高温高压下聚变为氦原子的热核反应理论后,才初步揭开了太阳的发光发热之谜,为此,贝特荣获1967年度的诺贝尔物理学奖。根据热核聚变理论估计,太阳的寿命可以有100亿年。

现在太阳的年龄是多少呢?根据大爆炸宇宙论的观点,宇宙是在大约137亿年前的一次大爆炸中诞生的,大爆炸后约40万年,当温度降到几千开时,原子核和电子复合成中性的原子和分子,那时宇宙间主要是气态物质,气体逐渐凝聚成气云,再进一步形成各种各样的恒星体系,成为我们今天看到的宇宙。这样算来,现在太阳的年龄为50多亿年,正处于壮年时期,它的寿命是100亿年,由此推算太阳还可以继续运行约50亿年。

考古学家的"时钟"

1958年,在中国的古老地层中发现了一颗古代莲子。经考古学家采用"碳-14方法"测定,它已有1 000多年的历史。后来,经过北京植物专家的精心培育,这颗古莲子竟然萌发新芽,并开花结果。这件事在考古界引起轰动,并引起了人们对"碳-14方法"测定古代植物年龄的兴趣。

植物的呼吸循环是吸进二氧化碳,呼出氧气。大气二氧化碳中的碳主要是碳-12,但也有极少量(大约只有碳-12含量的1万亿分之 1.2) 的碳-14。这是一种放射性同位素,它的半衰期为 5 570 年,也就是说每过 5 570 年,碳-14 的原子总数的一半衰变成其他原子。除了具有放射性外,碳-14 的各种物理或化学性质同碳-12 没有任何不同。由于植物不断吸进二氧化碳,因此,植物的体内都存在极微量的碳-14。当然,由于碳-14 的不断衰变,会使它在植物中的含量不断减少。但是,植物在同大气交换二氧化碳的过程中,又会不断地把碳-14 补充进来。理论计算指出,在地球上这样的过程只要持续几万年以上,就会达到动态平衡,从而使植物中碳-14 的含量保持恒定。

但是,某种植物一旦中止了与大气的二氧化碳的交换,例如,某种植物死亡了,则其中的碳-14 的含量会因为"入不敷出"而减少。交换中止的时间越久,则该植物中的碳-14 含量就越少。这样,人们只要测量这种植物中碳-14 和碳-12 的含量之比,再同测量时空气中的碳-14 的含量进行比较,就可以算出该植物生存的年代。这就是用"碳-14 方法"测定植物年代的基本原理。

考古工作者应用这种方法解决了许多考古中未能解决的难题。

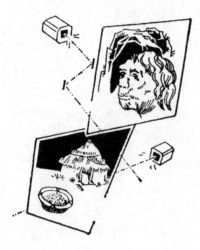

例如,在新石器时代仰韶文化的遗址——西安半坡遗址中,发现了大量古代小米,经测定知道它们的存在距今已有 6 500 年。这说明 6 000 多年前,中国就有了相当发达的农业。又例如,据历史记载,公元 79 年由于著名的维苏威火山爆发,意大利庞贝城被"活埋"了。这记载可靠吗?当庞贝城被考古学家完整地发掘出来后,对出土的一块烧焦的面包(它也是用古代植物制成的)用"碳-14 方法"进行测量,结果发现其"年龄"与历史资料吻合。这说明那段历史记载是真实的。碳-14 真不愧是考古学家的"时钟"。

地球的"体温计"

在 1 亿年前,地球上的温度是多少? 可没有那时候的任何气象资料,何以知道地球历史上的温度? 但这个问题又十分重要,因为地球上的年平均温度会影响到地球上一切生物的生存发展。

解决这个难题的是美国化学家比吉莱森和尤里,他们是从研究同位素着手的。我们知道自然界的许多元素都有若干个同位素,这些同位素的化学性质一样,但是原子量稍有差异。例如,氧气由两种同位素氧-16 和氧-18 混合而成,氧-16 是最常见的氧,它占了氧气成分的绝大部分,氧-18 很稀少。这两种同位素与其他元素发生氧化反应生成化合物时,它们各自在化合物中的比例会随温度的变化而不同。比吉莱森和尤里深入研究了这种现象,提出只要把生物化石中的氧-16 和氧-18 的比例测出来,就可以知道那种生物活着的时候,地球上的温度是多少。

用他们发明的这种"体温计"对地球历史上不同发展阶段的温度进行测量,结果得到在 1 亿年前地球海洋的平均温度为 21℃左右;1 000 万年之后(距今 9 000 万年),它缓慢下降到 16℃;再过 1 000万年(距今 8 000 万年),海洋的平均温度再度上升到 21℃;此后,海洋温度又逐步下降,在 3 000 万年前约为 7℃,到 2 000 万年前竟下降到 6℃。地球温度的这些变化,足以造成恐龙灭绝以及哺乳动物大量出现。

一场误会

在中子发现之后,科学家提出了原子核是由质子和中子组成的假说,并很快得到了公认。不过,这个假说也面临一些棘手的问题,例如,原子核中的质子都带正电,为什么它们不因排斥而分散,反而能拥挤在原子核内相安无事呢? 为了回答这个难题,科学家又提出,在原子核内除质子之间的静电斥力之外,在各核子之间一定还存在着一种巨大的引力,这种引力的强度远远超过了静电斥力,从而使各核子老老实实地待在原子核内,这种巨大的引力就叫作"核力"。

那么,核力是怎样产生的? 1935 年,日本物理学家汤川秀树提出"介子理论",认为核力是核子之间不断交换某种媒介粒子(被称为"介子")的结果。根据量子电动力学理论,核子之间的相互作用的"力所能及"的距离(力矩),与被交换的介子的质量成反比。由于核力的力矩很短,所以介子的质量很大,汤川秀树从理论上估算出介子的质量为电子质量的 200 多倍。

1937 年 5 月,美国物理学家安德森等在 4 300 米高的山顶上,利用他设计的特别的磁云室捕获到一种新的未知粒子。根据测定的结果计算,这种新粒子的质量大约为电子质量的 207 倍。消息一经发表,立即引起了科学界强烈的反响,人们普遍认为,这就是汤川秀树所预言的介子,并取名为 μ 介子。这件事似乎就到此为止了。

不久,更多的新实验结果出来了,它们显示 μ 介子可以自由地穿过原子核千百次而不同原子核发生作用。这使人们感到迷惑不解,作为传递核力的 μ 介子怎么很难与原子核发生作用呢? 最后,科学家得出结论:μ 介子并不是汤川秀树预言的那种介子。那么,汤川秀树预言的介子在哪里呢?

　　事隔十年之后,1947 年英国物理学家鲍威尔利用原子核乳胶在宇宙线中发现了 π 介子,这才是汤川秀树预言过的那种传递核力的介子。何以见得? 理由有两条:一是 π 介子同原子核有强烈的相互作用;二是高能核子发生相互作用时会产生 π 介子。这样看来,安德森发现的 μ 介子是关于核力介子的一场误会。不过,安德森他们的工作也没白做,因为 μ 介子的发现有着特殊的科学价值,它使科学家认识到另一种衰变:基本粒子的衰变。原子核由于天然或人工的放射性,会衰变成另一种原子核。而作为一种基本粒子的 μ 介子,也会因天然或人工的因素,衰变成电子和中微子。 μ 介子现在已正式命名为"μ 子",不再归入介子一类。

不起眼的论文

　　1932 年,美国一份科学普及杂志在不显眼的角落里,发表了物理学家安德森写的一篇短文,文章简单报道了他在宇宙线研究中发现一种新粒子的情况。这篇报道很快传遍了世界,安德森从宇宙线中发现的新粒子,就是"正电子"。

　　那一年,安德森和他的助手用特制的威尔逊云室来研究宇宙线。

这个云室被放在强大的电磁铁两极之间,构成一个巨大的磁云室。利用这种装置,他共拍摄了1 000多张照片。在拍摄的照片之中,他们发现,有的粒子向左偏转,有的向右偏转。这说明记录的粒子当中,有的带着正电荷,有的带着负电荷。开始他们认为,带负电的粒子是电子,而带正电的则是质子。但是仔细辨认粒子的径迹,发现两种粒子的径迹非常相似,如果说其中之一是电子产生的,另一是比电子重2 000倍的质子产生的,那是完全不可能的。但是,如果说两种径迹都是同一种粒子产生的,那么为什么它们在同一磁场中偏转的方向相反呢?

也许有这样一种可能,穿过磁云室的粒子,不但有自上而下运动的,而且有自下而上运动的,这样,同一种粒子在同一磁场中运动轨道的偏转也会是相反的。当然,宇宙线粒子应当是自上而下运动的,但是也不能排除,某些粒子由于同空气或云室器壁的原子碰撞,改变了原来的方向,而变成了自下而上运动。

为了弄清磁云室中粒子径迹向相反方向偏转的原因,安德森认为,必须首先确定一下穿过云室的粒子的运动方向。为此,他在威尔逊云室中安放了一块6毫米厚的铅板,把云室隔开。由于进入云室的粒子穿过铅板时要损耗能量,这将使得它在穿过铅板以后的径迹弯曲得更加厉害。因此,研究粒子在铅板上下的径迹的弯曲程度,可以判断出粒子运动的方向。左图是根据安德森得到的一张著名的照片绘制的。在图中,我们看到一个带电粒子在云室中穿过铅板时留下的径迹。并发现,铅

正电子

板下方粒子的径迹比上方更弯曲。这表明,这个粒子是由上而下运动的。根据粒子所处的磁场和它偏转的方向,安德森立即判断出,这是一个带正电的粒子。最初他认为,这个粒子就是质子。但是随后通过对粒子径迹的长度、粗细、弯度进行仔细测量和计算,他惊诧地发现,这个带正电的粒子的质量,原来不是等于质子的质量,而是与电子质量相差无几。就是说,他发现了一种带正电的电子。他反复校核,证明这种判断是没有错误的。一个神话般的粒子——正电子,就这样在宇宙线中被抓获了。

物质六态

通常所见的物质有三种存在态:气态、液态和固态。物质是由分子、原子构成的。处于气态的物质,其分子与分子之间距离很远,几乎像宇宙空间中的星球那样分散。然而,对于液态物质来说,构成它们的分子彼此已靠得很近,分子一个挨着一个,它的密度要比气态的大得多。拿水中的 H_2O(水分子)来说,它们就像链条一样,一个接一个构成一条水分子的长链。虽然水分子已经彼此紧靠在一起,但构成水分子的两个氢原子和一个氧原子,它们之间还是离得很开。对于固态物质来说,构成元素是以原子状态存在的,而且固体中的原子一个挨着一个,组成一个"点阵",就像造房子的脚手架那样,相互攀拉,牢牢地结合在一起,这就是固体比液体硬的原因。

原子是由原子核和电子组成的,通常情况下电子都围绕着原子核旋转。然而在几千摄氏度以上的高温中,气态的原子开始抛掉身上的电子,于是带负电的电子开始自由自在地游逛,而原子也成为带正电的离子。温度越高,气体原子脱落的电子就越多,这种现象称为"气体的电离化"。科学家把电离过后的气体称"等离子态"。除了高温以外,用强大的紫外线、X射线和γ射线来照射气体,也可以使气体转变成等离子态。也许你感到这种等离子态很稀罕吧!其实,在广漠无边的宇宙中,它是最普遍存在的一种形态。因为宇宙中大部分的发光的星球,它们内部的温度和压力都高极了,这些星球内部的物质几乎都处于等离子态。这是物质的第四种状态。

处于等离子态的物质,电子与原子核"身首异处",彼此离得很开。在白矮星里面,压力和温度更高了。在几百吉帕气压的压力下,不但原子之间的空隙被压得消失了,就是原子外围的电子层也都被压碎了,所有的原子核和电子都紧紧地挤在一起,这时候物质里面就不再有什么空隙,这样的物质,科学家把它称为"超固态"。白矮星的内部就充满了这样的超固态物质。在我们居住着的地球的中心,那里的压力达到350吉帕左右,因此也存在着一定的超固态物质。

假如在超固态物质上再加上巨大的压力,那么原来已经挤得紧紧的原子核和电子,就不可能再紧了,这时候原子核只好宣告解散,从里面放出质子和中子。从原子核里放出的质子,在极大的压力下会和电子结合成为中子。这样一来,物质的构造发生了根本的变化,原来是原子核和电子,现在却都变成了中子。这样的物质状态称为"中子态"。中子态物质的密度更是吓人,它比超固态物质还要大十多万倍!一个火柴盒那么大的中子态物质,重30亿吨,要有96万多台重型火车头才能拉动它!在宇宙中,估计只有少数的恒星,才具有这种形态的物质。

最大的大炮与最小的靶子

分子、原子乃至基本粒子的世界是十分微小的。如果有一种放大镜能把乒乓球放大到地球那样大,按同样的放大倍数来看基本粒子,也不过像一只乒乓球那样大。事实上,人们在目前还不可能造出如此巨大倍数的"放大镜"(电子显微镜)来。

物理学家在探索微观世界时,经常采用的一种方法是用一束已知性质的基本粒子作为炮弹,去轰击所要研究的某种未知的基本粒子,通过观察它们之间的相互作用,来研究靶粒子的性质。在研究基本粒子的时候,为了看清它的结构,作为炮弹的基本粒子的波长应该越短越好,或者是它们的动量越大越好,否则,由于波动的强烈干扰,很难对靶粒子作出精确的测量。可是,粒子束的能量越大,它们就越难"驯服",就是要它们转个弯也很不容易。解决的办法,只能把加速器的"跑道"弯曲的程度尽量减小,但这样加速器的直径也就越来越大了。美国费米实验室的高能加速器的平均轨道直径达 2 000 米!加上各种探测设备和高大宽敞的实验大厅,简直是一座小城市。这台加速器耗用的铁 9 000 吨,铜 850 吨。它能把质子加速到具有 5 000 亿电子伏的能量! 意大利物理

学家费米曾风趣地说:"如果想要制造一台能量达到宇宙线那样的加速器,那这台加速器的圆周就会大得足以套到地球的赤道上。"

啤酒瓶的启示

美国物理学家格拉泽在开啤酒瓶时,注意到啤酒瓶玻璃上一些粗糙突起处的周围特别容易产生气泡,在对这个现象的深入研究中,他发现在过热的液体中,如果存在带电粒子,它周围的液体将汽化,在粒子经过的路上将显示出一串看得见的气泡,这就是粒子的径迹。守候在旁边的照相机及时拍下这昙花一现的情景,那就记录了粒子运动的轨迹。他的这一想法导致发明了气泡室。

基本粒子实验用的气泡室里装的当然不是啤酒,而是零下200多摄氏度的液态氢、重水或氙。通常做研究时,需要在气泡室中放进由被研究物质制成的靶。但是,在研究质子或中子的性质时,气泡室内的液态氢或重水既是一种显示的介质,又是一种很理想的靶。因为前者的原子核是一个质子,后者的原子核则由一个质子和一个中子组成。这是气泡室最受欢迎的地方。

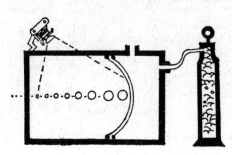

为了实现液体的过热状态,人们利用机械系统移动活塞,从而使气泡室内的压强突然降低,几毫秒之后它又恢复到正常状态。气泡室对外来的带电粒子是

敏感的,就在这几毫秒的短暂的瞬间,由加速器所产生的粒子恰好准时到来(即加速器与气泡室"同步"),这时,气泡室用闪光灯照明,并用立体照相设备自动摄影记录。在拍得的照片上,我们能够清楚地看到粒子的产生和湮灭过程。不过,真要发现一张有价值的照片也不是件轻松的工作,因为世界各国

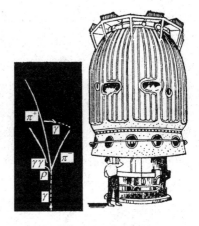

的大型气泡室每年摄制的照片有几千万张,图像识别及数值分析的工作相当复杂,一般都用计算机来处理。

气泡室在1952年刚出现时,体积只有几立方厘米,但是经过50多年的发展,体积增大了上百万倍。图中所示的是直径达3.7米的气泡室,容纳它的大厅高20多米,整个制冷系统像个小化工厂。当然,这种大型气泡室的造价也是惊人的(动辄上千万美元)。然而,这种花费是值得的,因为基本粒子物理学中不少重大的发现,都是利用气泡室的结果。早在1959年中国著名物理学家王淦昌教授等发现的"反西格玛负超子",就利用了液体丙烷气泡室。

奇异的蓝光

1934年,苏联物理学家切连科夫发现用放射线照射晶体或液态物质时,会发出一种微弱的蓝光。使人感到迷惑不解的是,这种光的

光源特性不同于当时已知的几种发光行为。三年后,两位物理学家塔姆和弗兰克揭开了这种发光现象的谜。原来,带电粒子在透明介质中以超过介质中光速的速度(超光速)作匀速直线运动时,它周围的电磁场会像脱外套一样被甩出去,形成锥形的电磁辐射。这就是"切连科夫辐射"。这种辐射现象有点类似于高速汽艇在水面急驰的情形。当汽艇的速度快于水面波的传播速度时,在汽艇的后面就会形成一个锥形的尾波。同样,当高能带电粒子以"超光速"在介质中通过时,它也会在自己的后面形成一个"尾波",只不过这种尾波不是水波而是光波。反过来,如果我们观察到这种光辐射,也就意味着出现了高能粒子。

善于找窍门的物理学家马上利用这个原理制造成功切连科夫计数器,它能用来探测以某种速度穿过计数器的高能带电粒子。一定速度的粒子产生的辐射具有一定的辐射角,把这种光辐射通过光电倍增管记录,并转换成电脉冲,就能确定入射粒子的某些性质。1974年,华人物理学家丁肇中领导的实验组在发现 J 粒子的双臂质谱仪中,就有 6 个大型气体阀式切连科夫计数器。

神奇的量子密码

量子物理不仅可以用来破译密码,也可以用来制造量子密码。在密码学中,密钥的安全是至关重要的,所谓密钥,可以理解成是一段程序,通过输入密码,可以输出破译文件。一般情况下,发送密码的人可以通过多个渠道把密钥分成几个部分传递给接收密码的人,只要窃听者没有得到完整的密钥,就没办法破译传出的密码。当然,一旦窃听者截获或者偷听到了密钥,他最好的策略就是不动声色,直到出现重要文件的时刻来临。在整个过程中,无论是密码的发送者,还是密码的接收者,都无法从接收到的信息判断是否有人窃听了密码文件。

量子物理可以解决这个问题。这里涉及量子物理的一个基本原理即"测不准原理"(又称"不确定性原理")。根据这一原理,量子世界中的一些物理量之间存在着一种奇特的关系,你越想确定一个微观粒子的位置,就越难确定这个微观粒子的动量;同样如果越要精确地测量某微观粒子的动量,就越难以确认这个微观粒子的位置,真可谓鱼和熊掌不可兼得。在量子世界中,具有这样关系的物理量,还包括粒子的能量和时间,以及粒子在两个不同方向的自旋等。

现在假设小张用特殊的方法制备一批原子,这些原子要么 x 轴方向上的自旋确定,要么 y 轴方向上的自旋确定,然后把这些原子发送给远处的小王,小王随机选取一些测试方案,要么在 x 轴方向测量原子的自旋,要么在 y 轴方向测量原子的自旋。根据测不准原理,只有在小王的选取和小张的选取一致的时候,才会有正确的结果。在测试完成以后,小王把自己的测试方案告诉小张,而不需要把结果告诉他。这时小张根据自己的选择,告诉小王哪些方案是选对了的,这些选对方案的测量结果就可以作为密钥使用了。

假如现在有一个窃听者在窃听密钥的传播,为了获得信息,他也不得不选取一系列测量方案。在这个过程中,只要他的猜测出现错误,根据测不准原理,就会改变原子的自旋的取值,破坏了传输中的密钥,由于密钥错误,小王就会得到不正确的信息。根据这一信息,密码的接收方就可以得出有人窃听的结论。当然这样的方法也不是无懈可击的,如果窃听者能偷到小王测试后的原子,他也就知道密钥了。

2020 年 6 月,中国的"墨子号"量子通信卫星在国际上首次实现了千公里级基于纠缠的量子密钥分发,对于中国空间科学卫星的持续发展具有重大意义。